KB173029

길버트가 들려주는 지구 자기 이야기

길버트가 들려주는 지구 자기 이야기

초　판　1쇄 발행일 | 2006년 6월 23일
개정판　1쇄 발행일 | 2010년 9월 1일
개정판 11쇄 발행일 | 2021년 5월 31일

지은이 | 이병주
펴낸이 | 정은영
펴낸곳 | (주)자음과모음

출판등록 | 2001년 11월 28일 제2001－000259호
주　　소 | 04047 서울시 마포구 양화로6길 49
전　　화 | 편집부 (02)324－2347, 경영지원부 (02)325－6047
팩　　스 | 편집부 (02)324－2348, 경영지원부 (02)2648－1311
e－mail | jamoteen@jamobook.com

ISBN 978－89－544－2096－9 (64400)

• 잘못된 책은 교환해드립니다.

길버트가 들려주는

지구 자기 이야기

| 이병주 지음 |

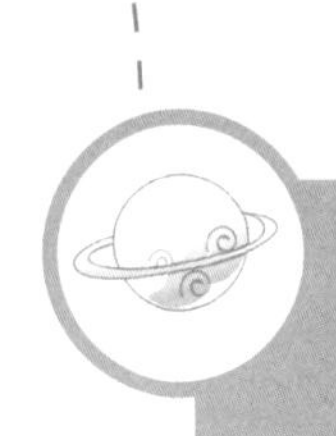

지구 과학자를 꿈꾸는 청소년을 위한 '지구 자기' 이야기

저는 대학에서 고지구 자기라는 학문을 공부하였고, 고등학교에서 학생들과 함께 지구 자기장에 대한 많은 이야기를 나누었습니다. 하지만 예상외로 학생들이 지구 자기장에 대한 이해가 부족하다는 사실을 알게 되었습니다. 그래서 학생들이 잘못 알고 있거나 혼동하기 쉬운 소재들로 이 책을 써 나가게 되었습니다.

우리 눈에 보이지 않는 자기장은 지구 어디에나 분포하고 있어서 우리는 항상 지구 자기장의 영향을 받으면서 살고 있습니다. 예를 들면 나침반을 이용하여 방향을 찾게 해 주고 여러 가지 전자 기기에도 응용되고 있습니다. 심지어 전쟁

무기까지도 지구 자기장이 이용되고 있습니다.

아직 우리는 지구 자기장이 어떻게 생겨났는지 정확히 모릅니다. 그러나 지구 자기장의 분명한 존재와 그로 인한 영향을 생각할 때 지구 자기장을 아는 것은 과학에 흥미가 있는 학생이라면 당연히 깊은 관심을 가지고 탐구해야 합니다.

이 책에서는 지구 자기장의 특성을 좀 더 쉽게 이해할 수 있도록 주위에서 흔히 볼 수 있는 자석의 성질에서부터 쉽게 풀어 나갔습니다. 조그만 자석의 자기장이건 지구 자기장이건 그 본질은 크게 다르지 않기 때문입니다. 아마도 옆집 아저씨께 이야기를 듣듯이 가벼운 마음으로 이 책을 읽다 보면 지구 자기장에 대한 이해가 깊어지리라 믿습니다.

끝으로 이 책이 출간되기까지 힘을 북돋워 주고 배려를 아끼지 않은 (주)자음과모음의 강병철 사장님과 알찬 내용이 될 수 있도록 여러 가지 자료와 아이디어를 제공해 준 '지구를 사랑하는 교사들의 모임'의 여러 회원님들께 진심으로 감사드립니다.

또, 자칫 지루해지기 쉬운 내용을 재미있게 얘기할 수 있도록 조언해 준 우리 아들 정현이에게도 고마운 마음을 전합니다.

이 병 주

차례

1 첫 번째 수업
나침반은 무엇으로 만들었나요? 9

2 두 번째 수업
자석은 어떤 성질을 갖고 있을까요? 19

3 세 번째 수업
지구의 자기장은 어떤 성질을 갖고 있을까요? 33

4 네 번째 수업
지구의 자기장은 어떻게 만들어질까요? 47

5 다섯 번째 수업
대륙이 이동했다는 확실한 증거는 무엇일까요? 55

6 여섯 번째 수업
고지구 자기란 무엇일까요? ◦ 69

7 일곱 번째 수업
고지구 자기는 어떻게 암석에
보존될 수 있을까요? ◦ 77

8 여덟 번째 수업
고지구 자기로 알아낸 한국의 이동 ◦ 93

9 마지막 수업
지구에서 자기장이 사라진다면
어떻게 될까요? ◦ 107

부록

과학자 소개 ◦ 120
과학 연대표 ◦ 122
체크, 핵심 내용 ◦ 123
이슈, 현대 과학 ◦ 124
찾아보기 ◦ 126

첫 번째 수업 1

나침반은 무엇으로 만들었나요?

나침반은 조그만 자석으로 되어 있습니다.
나침반의 역사에 대하여 알아봅시다.

1

첫 번째 수업

나침반은 무엇으로 만들었나요?

교과연계.

초등 과학 3-1 2. 자석의 성질
초등 과학 6-1 7. 전자석
중등 과학 2 6. 지구의 역사와 지각 변동
고등 지학 II 1. 지구의 물질과 지각 변동

길버트가 학생들에게 수수께끼를 내며 첫 번째 수업을 시작했다.

아저씨가 수수께끼를 하나 내 볼까요?

__예, 좋아요.

막대자석의 무게 중심을 실로 묶어 매달아 놓고, 자석의 N극이 가리키는 방향으로 따라가면 어디로 가게 될까요?

__너무 쉬워요. 그야 당연히 북극으로 가게 되죠.

땡~! 틀렸습니다.

__이상하다? 틀렸다니요?

막대자석의 N극이 북쪽 부근을 가리키는 것은 사실이지만, 한국에서는 정확히 북극을 향하지는 않습니다.

__아참, 이제 알았어요. 편각을 깜빡했네요. 자북극으로 가게 됩니다.

편각과 자북극이라는 용어를 알고 있다니 대단합니다. 하지만 땡, 땡~! 또 틀렸습니다.

__또 틀렸다니요? 아, 막대자석의 N극이 가리키고 있는 방향으로 따라가면 땅속으로 들어가게 되네요.

그래요. 이제 맞았습니다. 한국에서는 막대자석의 N극이 향하는 방향으로 따라가면 땅속으로 들어가게 돼요.

__오늘 새로운 사실을 알았어요. 감사합니다. 그런데 아저씨는 누구세요?

나는 영국의 의사이자 물리학자인 길버트(William Gilbert, 1544~1603)입니다. 의사로도 많은 활동을 하였지만 사실은 물리학자로 더 많이 알려져 있답니다. 또한, 전기와 자기에 대하여 많은 연구를 하였지요. 내가 쓴 《자석에 관하여》라는 책은 19세기까지 최첨단 연구서로 주목을 받았습니다. 그뿐만 아니라 케플러, 갈릴레이 등 당시의 과학자들에게도 커다란 영향을 미쳤습니다.

나는 지구를 아주 커다란 자석으로 생각하고 지구 자기의 현상을 해석하였습니다. 그래서 사람들은 나를 '자기학의 아버지'라고 부른답니다. 나는 많은 실험을 통하여 자석의 성질을 알아내게 되었고, 그동안 신비하게만 여겼던 자석의 성질을 과학의 영역으로 끌어들이는 데 많은 기여를 하였습니다.

자석은 아주 재미있는 성질들을 가지고 있습니다. 그리고 우리가 살고 있는 지구는 아주 커다란 자석과 같아서 우리는 항상 지구 자기장의 영향을 받고 있지요.

그럼 지금부터 나와 함께 지구 자기장에 대해서 수업해 볼까요?

나침반은 무엇으로 되어 있을까요? 여러분도 잘 알다시피 나침반은 조그만 자석으로 만들어져 있어요. 그래서 항상 남

과 북을 가리키고 있지요. 나침반을 만들려면 자석이 남과 북을 가리킨다는 사실을 먼저 알았어야 했을 텐데, 그렇다면 우리 인간들은 언제부터 그런 성질을 알게 되었을까요?

주변의 쇠붙이를 끌어당기는 이상한 성질을 가진 돌이 있다는 사실은 오래전부터 알려져 왔습니다. 철기 시대 초기만 해도 쇠붙이를 끌어당기거나 밀어내는 성질이 있는 돌은 사람들 사이에서 일종의 마력으로 여겨졌어요. 그래서 병을 치료하는 데 이러한 돌을 사용하기도 하였지요.

고대 중국의 역사 중 전설상의 황제 헌원씨와 치우의 전쟁 이야기를 살펴보면, 방향을 가리키는 도구로 자석을 사용했으리라고 짐작되는 흥미로운 기록이 전해지고 있습니다.

치우는 한국 축구 응원단인 붉은 악마의 마스코트로도 사용되었던 고조선의 용맹한 왕으로, 아주 무섭게 생겼어요.

황제와 치우는 패권 차지를 위해 격렬한 전쟁을 하였습니다. 치우의 군사들은 용감무쌍하여 황제는 전쟁에서 패하기 직전에 이르렀어요. 치우가 도술을 부려 안개를 만들어 내자

안개 속에 포위된 황제의 군대는 어디로 가야 할지를 몰라 큰 어려움을 겪고 있었습니다.

그때 황제의 신하 중에 풍후라는 이가 '지남차'를 만들었습니다. 황제의 군사들은 이 지남차를 이용하여 안개 속에서 방향을 잡아 무사히 포위망을 뚫고 나왔다는 얘기가 중국의 오랜 역사 기록에 나옵니다.

이때 사용하였다는 지남차가 무엇인지 궁금하죠? 지남차란 일종의 수레인데, 수레의 앞쪽에 사람의 모형을 만들어 세운 것입니다. 그런데 사람 모형의 손가락이 항상 남쪽을 가리키도록 만들어졌다고 합니다. 지남차도 자석의 성질을 이용한 것이라고 추정할 수 있지요.

중국에서는 이미 1세기경에 자화된 바늘이 일정한 방향을 가리킨다는 사실을 알았습니다. 720년에는 자화된 바늘이 정확히 남쪽을 가리키지 않고 편각이 나타난다는 사실을 알아냈습니다. 왜 북쪽이 아니고 남쪽이냐 하면, 당시 중국에서는 방향의 기준을 남쪽으로 삼았기 때문입니다. 편각이란 지구 자기장의 방향을 결정할 때 아주 중요한 것이지요. 자세한 것은 잠시 후 지구 자기장 수업 때 자세히 알아보도록 하지요.

이렇게 중국에서는 아주 오래전부터 자석의 성질에 대해서

잘 알고 있었어요. 지금 우리가 사용하는 것과 같은 모양의 나침반은 유럽에서 만들었지만 원조는 중국이었어요. 송나라 때부터는 방향을 나타내는 자석을 항해에 이용하였는데, 이러한 기술이 이슬람권을 통하여 유럽으로 전파되자 유럽에서는 정교한 나침반으로 만들었고, 이것이 대항해 시대를 뒷받침하는 큰 힘이 되었습니다.

과학자의 비밀노트

나침반의 역사

종이, 화약과 더불어 중국 3대 발명품의 하나인 나침반은 언제, 누가 발명했는지 정확히 알 수 없으나, 11세기 중국 송나라의 심괄(沁括)이 《몽계필담》이라는 책에서 자침이 대략 남북을 가리키지만, 그 남북 방향이 진남북과 약간 다르다고 기술하였다. 우리나라에서는 삼국시대에 '패철'이라는 나침반을 사용하였다.

만화로 본문 읽기

길버트 선생님, 길을 잃어버린 것 같아요!
걱정하지 마세요. 이런 일을 대비해서 나침반을 가져왔답니다.

근데 선생님, 나침반 속 자석이 남과 북을 가리킨다는 사실은 언제 알았을까요?
그 사실은 사람들이 아주 오래전부터 알고 있었답니다.

철기 시대 초기만 해도 쇠붙이를 끌어당기는 자성이 있는 돌은 사람들에게 일종의 마력으로 여겨졌어요. 그래서 병을 치료하는 데 이러한 돌을 사용하기도 했지요.
철기 시대부터 알고 있었다고요?
우와~ 진짜 쇠붙이가 돌에 붙었다.
마법의 돌인가 봐.

예, 또 고대 중국에서는 전쟁 중에 안개 속에 길을 잃었을 때 지남차를 이용해서 길을 찾았다는 이야기도 있어요.
지남차가 뭔가요?

지남차란 일종의 수레예요. 이 수레의 앞쪽에 사람 모형을 만들어 세웠는데, 모형의 손가락이 항상 남쪽을 가리키도록 만들어졌다고 해요.
그럼 지남차도 일종의 나침반이었군요.

중국에서는 1세기경에 자화된 바늘이 일정한 방향을 가리킨다는 사실을 알았어요. 이 기술이 이슬람권을 통해 유럽으로 전해지면서 나침반이 만들어지게 되었답니다.
그럼 나침반의 원조는 중국이네요?
그렇구나.

두 번째 수업 2

자석은 어떤 성질을 갖고 있을까요?

자기장이란 무엇이고, 어떤 모양을 하고 있을까요?
막대자석 실험으로 자석의 성질을 알아보고, 자석은 왜 쇠붙이를 끌어당기는지 알아봅시다.

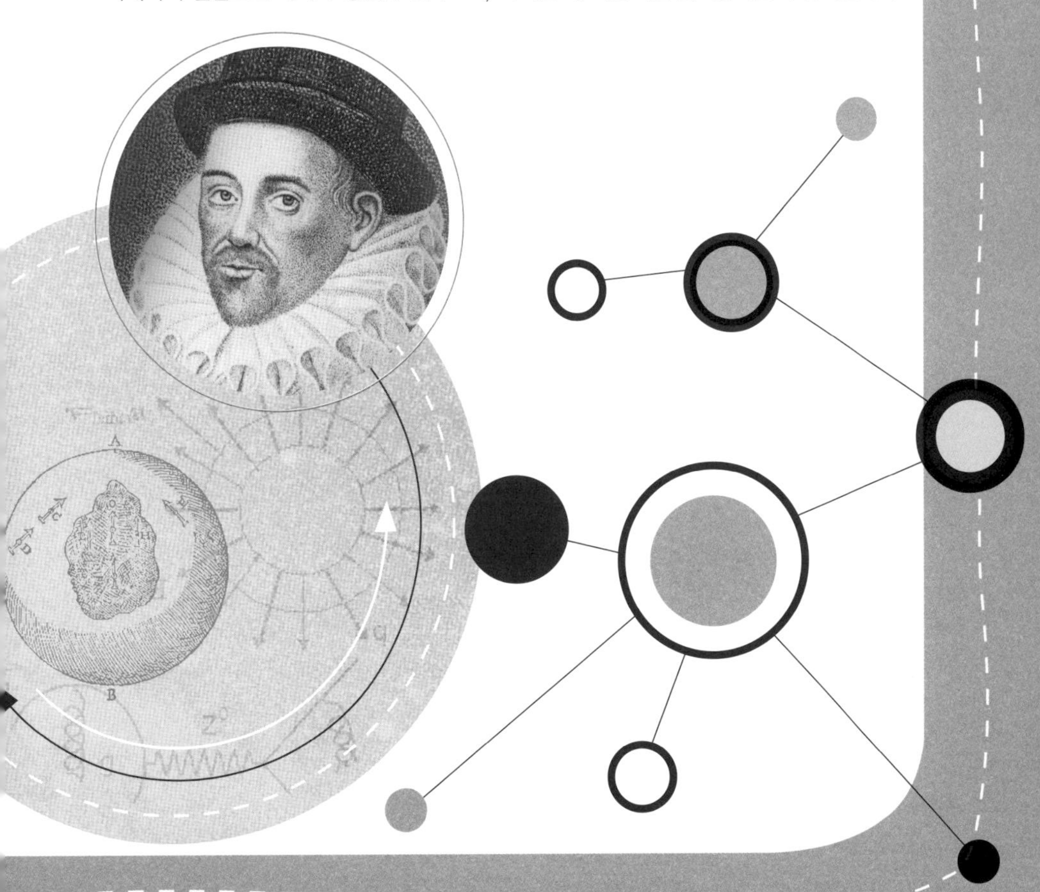

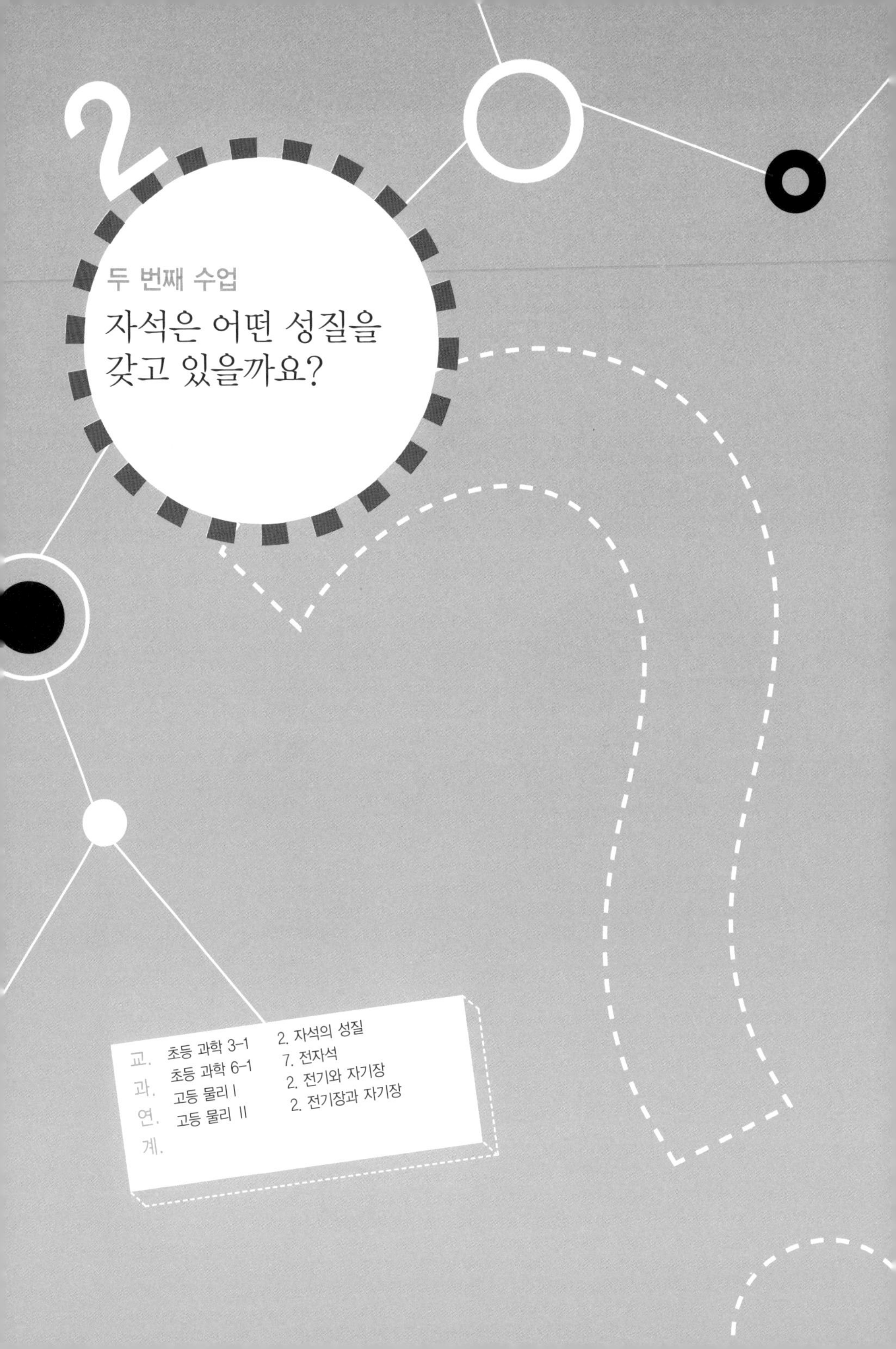

두 번째 수업

자석은 어떤 성질을 갖고 있을까요?

교과연계		
초등 과학 3-1	2. 자석의 성질
초등 과학 6-1	7. 전자석
고등 물리 I	2. 전기와 자기장
고등 물리 II	2. 전기장과 자기장

길버트가 학생들에게 자석놀이를 상기시키며 두 번째 수업을 시작했다.

여러분, 막대자석이나 말굽자석을 가지고 놀아 본 적이 있지요? 누구나 막대자석 하나쯤은 가지고 있을 거예요. 자석을 가지고 놀아 본 사람이라면 자석이 쇠붙이를 끌어당긴다는 사실쯤은 알고 있을 것입니다. 책상 위에 바늘을 놓고 자석을 점점 가까이하면 어떤 현상이 나타나는지 자세히 살펴보세요.

처음에는 아무런 현상이 나타나지 않습니다. 그러나 자석이 바늘에 충분히 가까워지면 바늘이 훌쩍 뛰어올라서 자석에 착 달라붙습니다. 이런 현상이 나타나는 이유는 바늘이

자석의 자기장에 의해서 자화되었기 때문이에요.

자화란 어떤 자성 물질이 자성을 얻어서 자신의 자기장을 만들어 내는 상태를 말한다.

이해하기가 좀 어려울 수 있지만 계속 설명해 줄게요.

이렇게 자화된 바늘은 자신의 자기장을 만들어서 막대자석의 원래 자기장과 상호 작용하게 됩니다. 막대자석과 바늘에서 일으키는 자기장들이 서로 영향을 미칠 만큼 충분히 가까워지면 서로 끌어당기는 힘이 바늘의 무게보다 커지게 됩니다. 그러면 바늘은 책상 위에서 날아올라 자석에 달라붙게 됩니다.

그런데 어떤 자석은 바늘을 완전히 끌어올리지 못하고 중간에서 떨어뜨리기도 합니다. 막대자석의 자기력이 약하거나 바늘이 무거우면 자석과 바늘의 자기장이 결합해 형성된 힘이 바늘을 책상 위에서 끌어올리기에는 충분하지 못합니다. 만일 바늘이 책상 위에 묶여 있다면 자기장의 영향을 받아도 바늘은 움직이지 않을 것입니다.

그런데 자석은 왜 바늘이나 쇠못과 같은 쇠붙이만 끌어당길 수 있을까요? 그 이유는 자화가 자성체에서 일어날 수 있는 현상이기 때문입니다.

자성체란 외부에서 영향을 미치는 자기장에 의해서 자화될 수 있는 물질을 말한다.

주변에 있는 쇠붙이는 물론이고 먼지, 심지어는 기체까지도 자성체인 것이 있습니다. 쇠붙이는 대부분 자성체인데 그 중에서도 바늘, 못 등은 아주 강한 자성체이고 알루미늄, 구리 등은 아주 약한 자성체입니다. 아주 약한 자성체는 막대자석에 달라붙지 않지요.

그럼 플라스틱도 약한 자성체일까요? 그렇지는 않습니다. 플라스틱은 자성체가 아닙니다. 지구상의 모든 물질이 다 자

성체로 되어 있는 것은 아닙니다. 수분이 없게 잘 건조시킨 나무판 역시 자성체가 아닙니다.

막대자석으로 한 가지 실험을 해 볼까요?

막대자석 위에 유리판을 얹어 놓고 그 위에 쇳가루를 뿌린 다음 유리판을 살살 두드려 보세요. 쇳가루가 일정한 모습의 무늬를 만듭니다. 또한 자석의 양끝에는 쇳가루가 더 많이 몰려 있고요.

이번에는 아래에 있는 막대자석을 이리저리 움직여 보세요. 쇳가루가 자석을 따라 움직이면서 새로운 방향으로 무늬를 만듭니다.

그럼, 아래에 있는 막대자석을 멀리 치운 다음 유리판을 흔들면 어떤 현상이 나타날까요? 쇳가루가 다시 무질서해져서

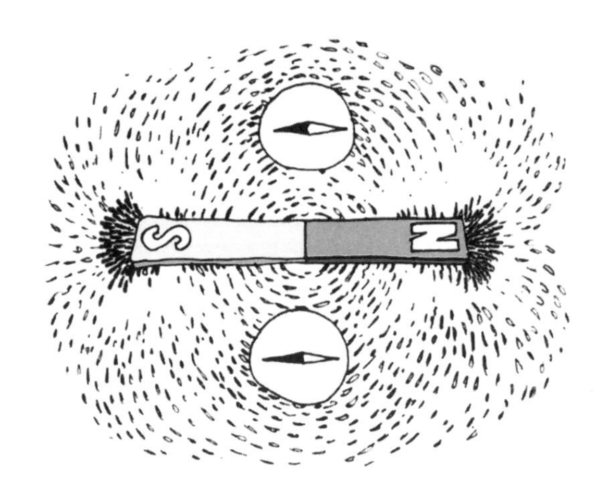

무늬가 사라져 버립니다.

이러한 현상은 막대자석 둘레에 쇳가루를 일정한 모양으로 줄을 서게 만드는 무엇인가가 존재한다는 것을 분명히 보여 줍니다. 이 무엇인가를 우리는 자기장이라고 부릅니다.

자기장이란 자석이 가진 자기력이 주변에 있는 다른 자성체에 영향을 미치는 범위를 말한다.

자석을 자성체 주변으로 가까이 가져가면 자성체에 어떤 현상이 나타난다고 했지요?

자석이 가진 자기장의 영향을 받아 주변의 자성체도 자석으로 되어 자신의 자기장을 형성합니다. 이런 현상을 자성체가 자화되었다고 합니다.

유리판 위의 쇳가루가 일정한 모습으로 배열된 이유는 그 아래에 있는 막대자석의 자기장에 의해서 쇳가루가 자화되었기 때문입니다. 쇳가루는 자석을 멀리해서 자기장의 영향권에서 벗어나면 곧 자신의 자기력이 아주 약해지지만, 막대자석은 한 번 자화되면 강한 자기력을 계속 유지할 수 있습니다.

주변의 자기장을 제거하여도 스스로 자신의 자기장을 오랫동안 계

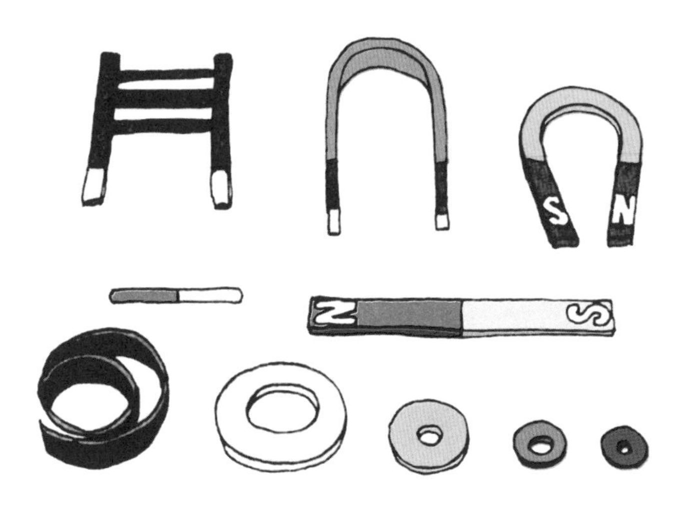

여러 가지 자석

속 유지할 수 있는 자성체를 '영구 자석'이라고 한다.

유리판 위에서 그 아래에 있는 막대자석에 의해 자화된 쇳가루는 서로서로 달라붙어서 길쭉한 띠 모양으로 배열되는데, 이 띠들을 연결한 선을 자기력선이라고 합니다.

자기력선은 실제로는 우리 눈에 보이지 않는 가상적인 선입니다. 마치 중력 방향을 나타내는 선이나 여자 친구에게 내 마음이 끌리는 방향이 보이지 않는 것처럼 말이에요.

자기력선의 모양은 마치 막대자석의 한쪽 끝에서 밀려 나와서 반대편 끝으로 끌려 들어가는 것처럼 보입니다. 우리는 편의상 자기력선이 밀려 나오는 쪽을 N극, 끌려 들어가는 쪽을 S극이라고 부릅니다.

자석은 N극과 S극 2개의 극을 갖고 있는데, 이러한 성질을 가진 것을 '쌍극자'라고 부른다.

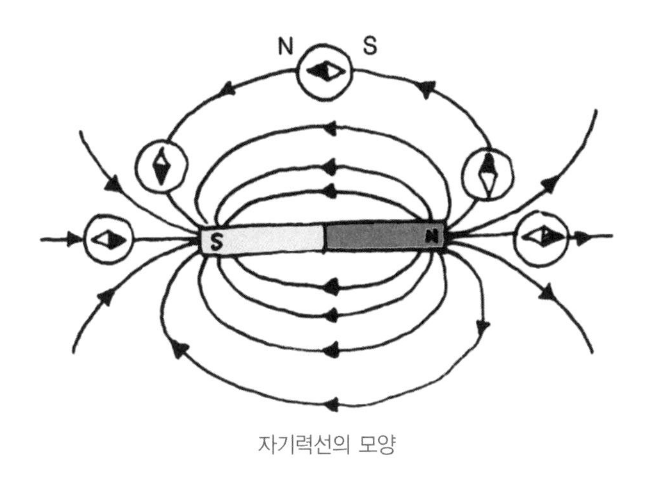

자기력선의 모양

즉, 쌍극자란 극이 양쪽에 2개 있다는 뜻이지요. 자기력선은 이 양극에서 가장 밀집되어 나타나기 때문에 자기력도 양극에서 가장 크게 나타납니다. 따라서 쇠붙이는 막대자석의 양쪽 끝에 가장 잘 달라붙게 됩니다. 그래서 쇳가루가 막대자석의 양쪽 끝에 더 많이 몰려 있었던 거예요.

이번에는 2개의 자석을 가지고 얘기해 봅시다. 자석을 가

지고 놀아 본 사람은 이미 알고 있겠지만, 자석은 서로 다른 극끼리는 끌어당기고 같은 극끼리는 밀어내는 성질이 있습니다. 그 이유는 무엇일까요?

2개의 자석을 가까이하면 각각의 자석이 가지고 있는 자기장이 서로에게 영향을 줍니다. 자기장 내에 들어 있는 자기력선들은 N극에서 S극으로 가는 일정한 방향을 가지고 있는데, 서로 같은 방향을 향하는 것들끼리는 합해지려고 하고 반대 방향을 향하는 것들끼리는 서로를 방해하게 됩니다.

자석의 이러한 성질을 적절히 이용하면 재미있는 자석 장난감을 만들 수도 있어요.

장난감뿐만 아니라 실제로 우리 주변에는 자석의 이러한 성질을 이용하여 만든 것들이 많이 쓰이고 있습니다. 그 대

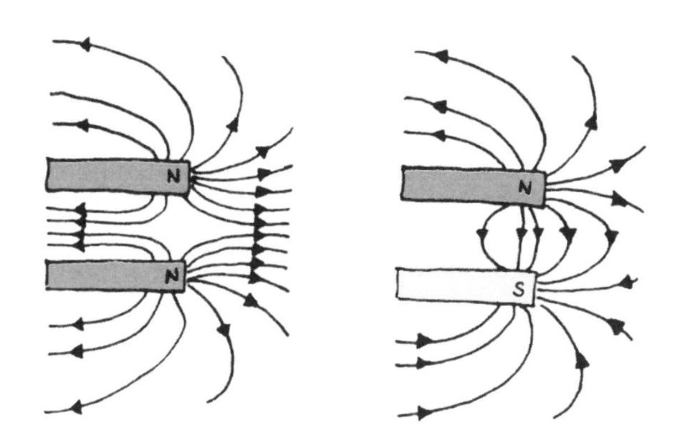

자기력선이 서로에게 미치는 영향

자석 장난감

표적인 예가 바로 자기 부상 열차입니다. 같은 극끼리는 서로 밀어내는 자석의 성질을 이용하여 레일 위에 떠서 가도록 만든 열차입니다.

만약 막대자석의 한가운데를 자르면 어떤 현상이 나타나게 될까요? 혹시 반은 N극만, 나머지 반은 S극만 나타날 것이라고 생각하지 않았나요?

그러나 그렇지 않습니다. 막대자석을 반으로 나누면 토막 난

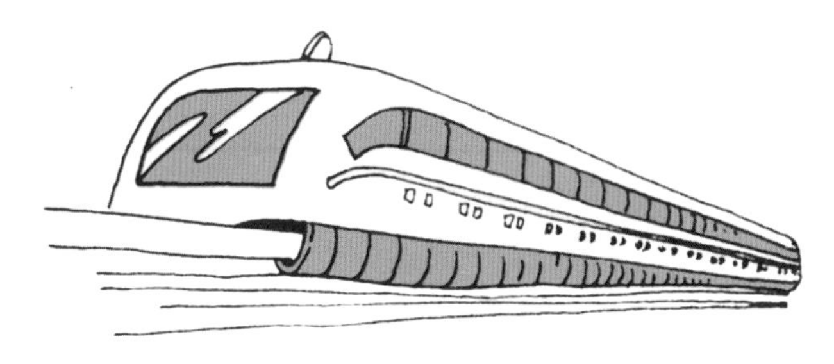
자기 부상 열차

자석은 또다시 새로운 N극과 S극을 갖게 됩니다. 즉, 자석이 2개가 되는 셈이지요. 자석을 잘게 나누면 나눌수록 잘린 토막은 모두 N극과 S극을 띠게 되어서 새로운 자석이 됩니다.

정말 이상한 현상이지요? 그 이유는 자석은 모두 눈에 보이지 않는 아주 작은 자석들의 집합체이기 때문입니다.

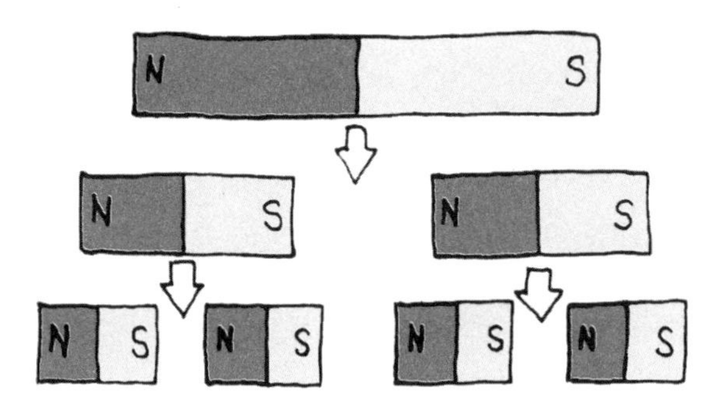

그렇다면 지구라는 커다란 자석은 어떤 성질을 갖고 있을까요?

만화로 본문 읽기

자석을 가지고 놀고 있군요.
선생님, 자석은 신기한 것 같아요.
맞아. 근데 자석은 왜 쇠붙이를 잡아당기는 건가요?

자석이 가진 자기력이 주변에 있는 다른 자성체에 영향을 미치는 범위인 자기장 때문이죠. 자석을 자성체 주변에 가져가면 자성체도 자기장을 형성하여 자화되지요.
아~, 정말 그렇군요!

그러나 자석을 멀리해서 자성체가 자기장의 영향권에서 벗어나면 자기력이 약해져요. 막대자석처럼 자기력을 계속 유지하는 것은 영구 자석이라고 해요.

자, 보세요. 이렇게 쇳가루가 일정한 모양으로 배열되는 것을 자기력선이라고 해요.
자기력선이요?

자기력선은 둥근 모양이군요.
자기력선은 가상의 선이에요. 자기력선이 나오는 쪽을 N극, 들어가는 쪽을 S극이라고 부릅니다.
N
S

그럼 이 막대자석을 절반으로 자르면 S극과 N극이 나누어지나요?
그렇지 않습니다. 막대자석을 반으로 잘라도 두 개의 새로운 자석이 됩니다. 그 이유는 자석은 보이지 않는 아주 작은 자석들의 집합체이기 때문입니다.

세 번째 수업

3

지구의 자기장은 어떤 성질을 갖고 있을까요?

나침반을 따라가면 북극에 갈 수 있을까요?
지구 자기장의 방향과 세기에 대해서 알아봅시다.

3

세 번째 수업

지구의 자기장은 어떤 성질을 갖고 있을까요?

교.과.연.계.		
	초등 과학 3-1	2. 자석의 성질
	초등 과학 6-1	7. 전자석
	중등 과학 2	6. 지구의 역사와 지각 변동
	고등 물리 I	2. 전기와 자기장
	고등 물리 II	2. 전기장과 자기장
	고등 지학 II	1. 지구의 물질과 지각 변동

길버트가 첫 번째 수업 시간에 배운 내용을 질문하면서 세 번째 수업을 시작했다.

첫 번째 수업에서 나침반의 N극은 왜 정확히 북쪽을 가리키지 않느냐고 질문했지요? 그 이유는 무엇일까요?

지구는 그 안에 마치 커다란 자석을 품고 있는 것과 같은 자기장을 나타냅니다. 자석으로 만들어진 나침반은 지구가 가지고 있는 커다란 자석에 끌려서 일정한 방향을 나타내게 됩니다.

나침반의 N극은 지구 자석의 S극에 끌리고, 반대로 나침반의 S극은 지구 자석의 N극에 끌리게 됩니다. 마치 막대자석 주위에서 쇳가루가 일정한 방향으로 늘어서는 것과 같은 현상이지요.

나침반의 N극을 끌어당기는 지구 자석의 S극이 있는 지표면을 우리는 '자기 북극(자북)'이라고 하고, 그 반대편을 '자기 남극(자남)'이라고 한다. 지구의 자전축이 있는 진짜 북극과 진짜 남극을 우리는 보통 '북극(진북)', '남극(진남)'이라고 부른다.

자북 · 자남 · 진북 · 진남……. 그러면 진북이라는 곳은 지구의 자전축이 있는 곳이라고 했으니까, 북극성의 아래에 있는 지점이 되겠지요. 우리가 흔히 '북극'이라고 부르는 곳이지요.

그런데 여러분은 이런 의문이 생길 거예요.

'나침반이 북쪽과 남쪽을 가리킨다면 당연히 북극과 남극을 가리키는 것이 아닌가?'

'왜 굳이 진북과 자북, 진남과 자남을 구분할까?'

자석으로 되어 있는 나침반은 당연히 지구 안의 커다란 자석에 끌려서 자북과 자남을 가리키게 되겠지요. 그런데 지구 안에 들어 있는 자석의 N극과 S극은 지구의 북극, 남극과 정확히 일치하지 않습니다. 지구 안에 있는 자석이 지구의 자전축과 약간 어긋나 있는 것이지요. 그래서 진북과 자북은 서로 일치하지 않고 약간 차이를 두게 되는 것입니다. 이러한 차이를 편각이라고 합니다.

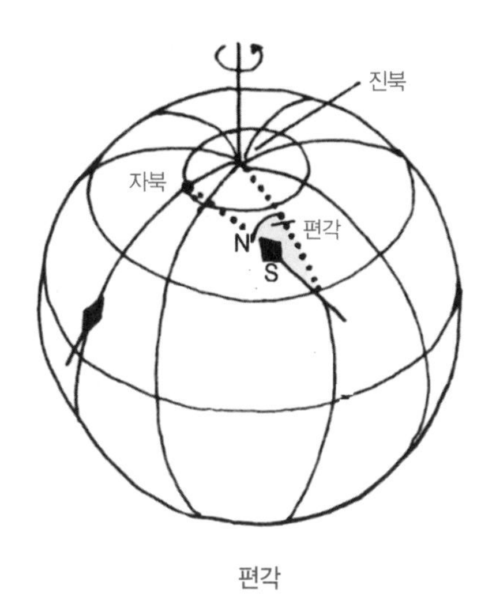

편각

편각이란 어느 지점에서 측정한 진북과 자북이 이루는 각이다.

정확한 표현은 아니지만 순수한 한국말로 '진북으로부터 틀어진 각'이라는 의미로 '튼 각'이라고 부를 수도 있겠네요. 어떤 지도를 보면 아래쪽에 각도가 표시된 곳이 있는데 그게 바로 편각을 나타낸 것이에요.

그러면 우리가 사용하는 지도는 무엇을 기준으로 만들어졌을까요?

지도는 진북을 기준으로 만들어졌습니다. 그래서 나침반과 지도를 이용하여 어느 지점을 찾아가려면 그 지방의 편각만큼 보정을 해 줘야 올바르게 갈 수 있습니다. 편각은 지역마

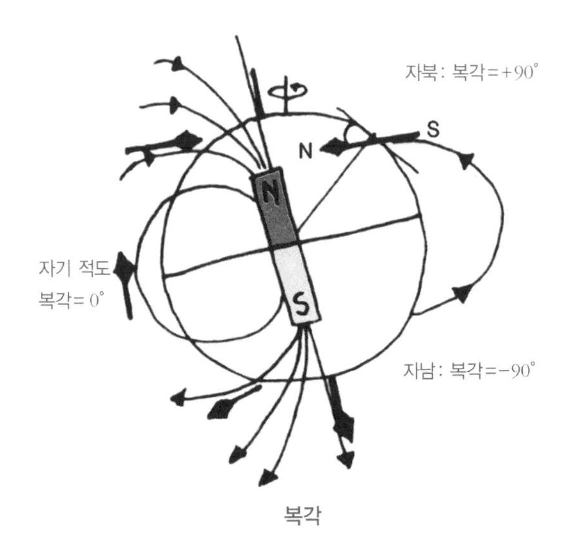

복각

다 서로 다르게 나타나는데, 한국 서울의 편각 값은 약 7° W(또는 −7°)입니다. 이 의미는 서울에서 바라볼 때 나침반의 N극이 진북 방향보다 7° 정도 서쪽을 가리키고 있다는 뜻입니다.

그렇다면 서울에서 바라볼 때 진북이 자북보다 7° 정도 동쪽에 있다는 뜻이니까, 북극성을 찾으려면 나침반의 N극이 가리키는 방향보다 7° 정도 동쪽 방향의 하늘을 바라보면 되는 거예요.

그런데 앞에서 나침반의 N극을 따라가면 자북에 갈 수 없다고 했었지요?

여러분, 막대자석 주위에 뿌려진 쇳가루를 다시 잘 살펴보세요. 어떤 모양을 하고 있지요? 쇳가루가 모두 자석의 양끝인 N극과 S극 쪽으로만 끌리고 있지는 않지요. 막대자석의 옆면에 있는 것들은 타원을 그리면서 자석의 옆면으로 끌리고 있습니다.

쇳가루가 만들어 내는 자기력선의 분포를 보면 자석의 양극 쪽에서는 자기력선이 자석과 수직을 이루고 있지만, 다른 부분에서는 자석의 옆면으로 비스듬히 끌려 들어가고 있습니다.

지구의 자기장도 이와 마찬가지 모습을 하고 있습니다. 지구 안에 커다란 막대자석이 있는 것처럼 양쪽 자극 부근에서는 자기력선이 지표면에 수직을 이루고 있지만, 다른 지역에서는 지표면과 일정한 각도를 이루고 있습니다.

그렇다면 한국에서도 자기력선의 방향이 지표면에 대하여 어떤 각을 이루고 있겠군요. 그리고 나침반의 바늘도 기울어져 있겠네요.

이때 자기력선의 방향과 지표면(수평면)이 이루는 각을 '복각'이라고 한다.

복각이라는 말이 어렵나요? 순 한국말로 '기운 각'이라고 하면 적당한 표현이 될 것 같네요. 자침의 N극이 수평면에 대하여 기울어진 각이라는 뜻이니까요.

복각의 크기는 지역에 따라 어떻게 달라질까요? 복각은 양자극 쪽으로 갈수록 점점 커져서 자북과 자남에서는 90°를 이루게 됩니다.

자북과 자남의 중간 부근에서는 복각이 0°가 되는 곳도 있는데, 이 곳을 '자기 적도'라고 한다.

지구에서 북극과 남극의 중간을 '적도'라고 하는 것을 생각하면 자기 적도란 말을 쉽게 이해할 수 있을 것입니다.

그런데 자남에서 나와서 자북으로 들어가는 자기력선을 따라서 나침반을 놓게 되면 어떻게 보일까요? 자북에 가까운 쪽에서는 N극이 아래를 향하고, 자남에 가까운 쪽에서는 위를 향하겠지요. 또, 그 중간 부근에서는 수평으로 놓이게 됩니다.

그래서 복각을 표시할 때 나침반의 N극이 아래를 향할 때는 앞에 '+' 기호를, 위를 향할 때는 '−' 기호를 붙여서 서로 구분해 줍니다. 그래서 자북에서는 +90°, 자남에서는 −90°

가 됩니다. 다시 말하면 자북에서는 수평면에 대하여 나침반의 N극이 아래쪽으로 90° 기울어지고, 자남에서는 나침반의 N극이 위쪽으로 90° 기울어집니다. 자북에서 남쪽으로 갈수록 복각은 +90°에서부터 점점 작아지다가 자기 적도를 지날 때는 0°가 되고, 더 남쪽으로 내려가면 –값을 나타내게 됩니다.

그러면 한국에서 복각은 어느 정도일까요? 한국에서도 북쪽과 남쪽이 서로 차이가 나지만 서울의 복각은 약 +52° 입니다. 즉, 서울에서는 나침반의 N극이 수평면보다 약 52° 아래쪽을 가리키고 있습니다. 그러면 서울에서 나침반의 N극을 따라가면 어디로 가게 될까요?

나침반의 N극이 아래쪽을 향하고 있어 땅속으로 들어가게 됩니다. 이렇게 편각과 복각을 이용하면 그 지역을 통과하는 자기력선의 방향을 알 수 있습니다.

막대자석의 무게 중심에 실을 묶고 주변에 있는 쇠붙이로부터 멀리 떨어진 곳에 매달아 놓으면 잠시 후에 막대자석은 기울어진 채로 일정한 방향을 가리키며 멈추게 됩니다. 그렇다면 막대자석은 어디를 가리키게 될까요?

막대자석은 지구 자기장의 영향을 받아 그 지점을 통과하는 지구 자기장의 방향을 가리키게 됩니다. 즉, 막대자석이

가리키는 방향은 바로 그 지역을 통과하는 지구 자기장의 자기력선 방향인 셈이죠.

예를 들어 서울의 편각과 복각이 7°W, +52° 이므로 서울에서는 막대자석의 N극이 진북에 대하여 서쪽으로 7° 정도 '틀어져서' 수평면보다 52° 아래쪽으로 '기울어진' 곳을 가리키게 됩니다.

반대로 서울의 편각이 7°W, 복각이 +52° 라는 것을 알고 있으면 서울을 통과하는 지구 자기장의 방향이 진북에서 7° 정도 서쪽으로, 수평면보다 52° 정도 아래쪽을 향한다는 것을 알 수 있습니다.

어느 지점을 통과하는 지구의 자기력은 수평 방향의 세기와 연직 방향의 세기로 나눌 수 있습니다.

수평 방향의 세기를 '수평 자기력'이라 하고, 연직 방향의 세기를 '연직 자기력'이라고 한다. 그리고 이들 수평 자기력과 연직 자기력의 세기를 합한 것을 '전자기력'이라고 한다. 전체 자기력 또는 총 자기력이라는 뜻이다.

다시 말하면 자기력의 세기와 방향을 화살표로 표시한다면 그 화살표를 위에서 내려다봤을 때의 모습이 수평 자기력이고, 옆에서 봤을 때의 모습이 연직 자기력입니다. 공간 속에서 힘이 작용하는 방향과 세기를 나타낼 때에는 이처럼 수평 성분과 연직 성분으로 나눠서 표시하면 이해하는 데 여러 가지로 편리한 점들이 있습니다.

예를 들어 자극에서는 자기력선의 방향이 지표면에 대하여 수직이 될 것이므로 수평 자기력은 '0', 연직 자기력은 '최대'의 크기가 될 것입니다. 반대로 자기 적도에서는 복각이 0° 이므로 자기력선이 수평으로 지나가고 있겠지요. 그래서 이곳에서는 수평 자기력은 '최대'의 크기를 갖지만 연직 자기력은 '0'이 됩니다. 어느 지점에서 수평 자기력과 연직 자기력의 크기는 그 지점에서의 편각과 복각의 크기에 결정적인 영향을 끼칩니다.

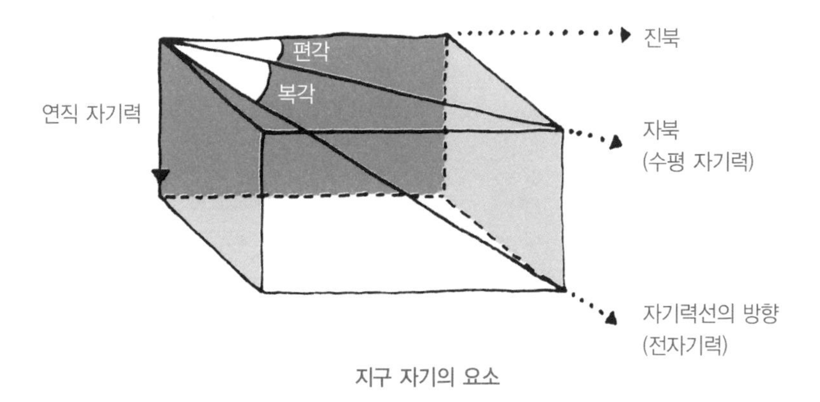

지구 자기의 요소

결국, 어느 지점에서 지구 자기장은 편각과 복각으로 방향을 말할 수 있고, 수평 자기력과 연직 자기력으로 그 세기를 말할 수 있습니다. 그래서 편각, 복각, 수평 자기력, 연직 자기력을 지구 자기의 요소라고 부른다.

어느 지점에서 지구 자기의 요소를 정확하게 측정하는 것은 자석을 이용한 여러 가지 기구를 작동하는 데 아주 중요한 일입니다. 또, 이다음에 얘기하게 될 고지구 자기를 연구하는 데 빼놓을 수 없는 아주 중요한 작업이기도 합니다.

그렇다면 지구의 자기장은 어떻게 만들어졌을까요?

만화로 본문 읽기

N극이 저쪽이니까 북극도 당연히 저쪽일 거야!
아니라니까. N극이 북쪽을 가리키는 건 맞지만, 우리나라에서는 정확히 북극을 향하지 않는다고!

길버트 선생님, 나침반에서 N극이 가리키는 방향이 당연히 북극 아닌가요?
이런…. N극이 정확하게 북극을 가리키는 것은 아니에요.
그것 봐.

지구에는 커다란 자석이 있는데, 지구 자석의 방향은 정확히 북극과 남극에 일치하지 않고, 자전축과 약간 어긋나 있어요.
잘 이해가 안 돼요.

북극(진북)과 나침반의 N극이 가리키는 북극(자북)은 서로 일치하지 않고 약간 차이를 두게 되는데, 이를 '편각'이라고 합니다.
진북
자북
편각
그림을 보니깐 쉽게 이해되네요.

또, 자침이 자기력선 방향대로 배열되는데, 지구 자기장도 지구 자기력선의 방향대로 배열하기 때문에 지표면과 일정한 각도를 이루지요. 이 각을 '복각'이라고 해요.
N
S

그리고 어느 지점을 통과하는 지구 자기력의 수평 성분을 수평 자기력, 연직 성분을 연직 자기력이라고 하는데, 편각과 복각 등은 지구 자기의 방향을 나타내고 지구 자기력은 지구 자기의 세기를 나타낸답니다.
연직 자기력
편각
복각
진북
자북
(수평 자기력)
자기력선의 방향
(전자기력)

네 번째 수업 4

지구의 자기장은 어떻게 만들어질까요?

지구 내부의 높은 온도에도 불구하고 지구 자기장이 생성되는 과정을
설명할 수 있는 '다이너모설'에 대해 알아봅시다.

4

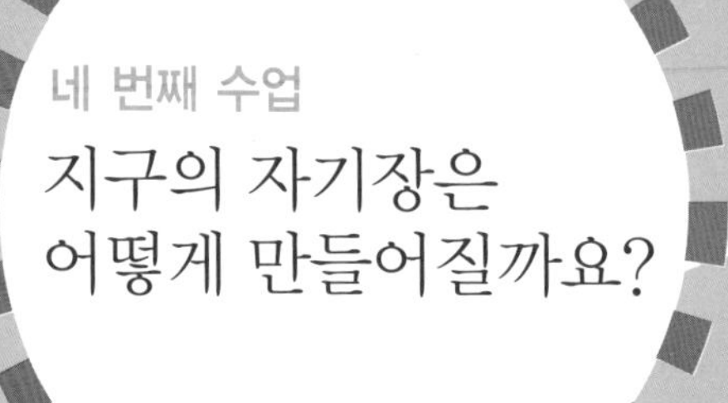

네 번째 수업

지구의 자기장은 어떻게 만들어질까요?

교.과.연.계.

초등 과학 3-1	2. 자석의 성질
초등 과학 6-1	7. 전자석
중등 과학 2	6. 지구의 역사와 지각 변동
중등 과학 3	6. 전류의 작용
고등 물리 I	2. 전기와 자기장
고등 물리 II	2. 전기장과 자기장
고등 지학 II	1. 지구의 물질과 지각 변동

길버트의 네 번째 수업은 지구 자기장 생성 이론에 관한 내용이었다.

지구의 자기장이 어떻게 해서 생기게 되었는지는 아직 아무도 정확하게 모릅니다. 단지 지금까지 알려진 지구 자기장 생성 이론은 크게 2가지가 있습니다. 하나는 영구 자석설이고, 또 하나는 다이너모설입니다.

영구 자석설은 간단히 말해서 지구 안에 거대한 영구 자석이 존재한다는 이론이다. 영구 자석이란 우리가 가지고 노는 막대자석처럼 한 번 자화되면 쉽사리 자성을 잃어버리지 않는 자석을 말하는 것이다.

지구 자기장의 모습을 보면 마치 지구 안에 거대한 자석이 있어서 그곳으로부터 자기장이 나타나는 것처럼 여겨집니다. 그래서 지구 안에 거대한 영구 자석이 있을 것으로 생각하여 왔습니다. 더군다나 지구 내부의 핵은 자화되기 쉬운 물질인 철이 주성분이어서 이런 생각을 하는 것도 무리가 아니었습니다.

피에르 퀴리에 의해서, 자석은 어느 한계보다 높게 온도가 올라가면 더 이상 자성이 나타나지 못한다는 사실이 알려지게 되었습니다. 그 한계가 되는 온도를 퀴리 온도라고 합니다.

여러분은 노벨 물리학상을 받은 퀴리 부인을 잘 알지요? 피에르 퀴리는 바로 그 퀴리 부인의 남편이에요. 서양에서는 결혼한 여성이 남편의 성을 따르기 때문에 퀴리 부인으로 불리게 된 것이지요. 퀴리 부인도 노벨상을 2번이나 받을

과학자의 비밀노트

퀴리 온도(Curie temperature)

어떤 물질이 자성을 잃는 온도로, 물질마다 퀴리 온도가 다르다. 일반적으로 자철석의 퀴리온도는 575℃, 적철석은 675℃, 순수한 철은 768℃, 니켈은 350℃, 코발트는 1120℃이다.

퀴리 부부

만큼 훌륭한 과학자로 유명했지만, 그 남편인 피에르 퀴리도 그에 못지않은 대단한 물리학자였습니다. 정말 대단한 부부이지요.

퀴리의 연구에 의하면, 아주 강한 자성을 나타낼 수 있는 자성 물질이라도 약 800℃ 이상에서는 자성을 나타내지 못하게 된대요. 그런데 지구 내부의 핵은 온도가 3,500℃ 이상이나 됩니다. 이 온도는 자성 물질의 퀴리 온도를 훨씬 넘는 것이지요.

그래서 실제로 지구 내부에 영구 자석이 존재한다 하여도 그것은 자성을 나타내지 못해요.

다이너모설은 지구 안에 거대한 발전기가 있고,
그곳에서 발생한 전류가 지구의 자기장을 만든다는 이론이다.

다이너모(dynamo)란 발전기란 뜻이에요. 자기장 내에서 도체를 직각 방향으로 움직이면 이에 직각인 방향으로 전류가 발생합니다. 이것이 바로 발전기의 원리입니다. 플레밍의 오른손 법칙이라는 것이지요.

지구의 외핵은 주로 철로 이루어져 있어서 전류가 잘 통할 수 있는 우수한 도체입니다. 물론 외핵은 온도가 너무 높아

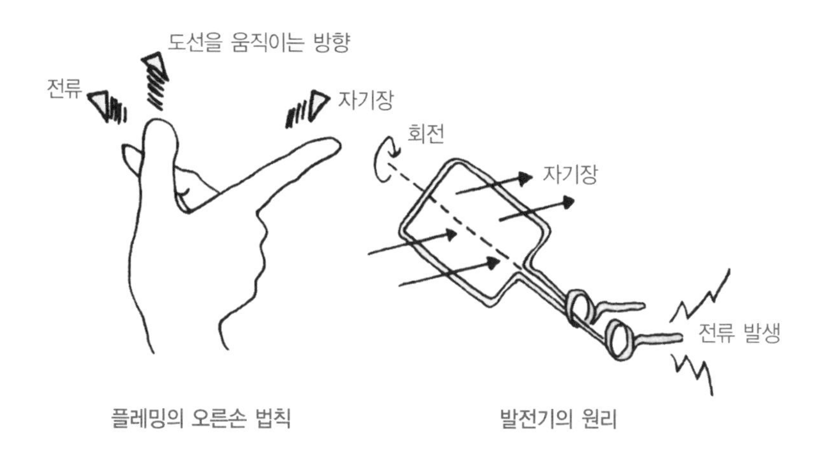

플레밍의 오른손 법칙　　　　발전기의 원리

서 그 자체가 자성을 가지지는 못합니다. 하지만 외핵은 액체로 되어 있기 때문에 열이 전달되는 현상인 대류가 일어나고 있을 것입니다.

대류로 외핵 물질의 흐름은 지구 자전의 영향으로 대략 적도에 평행한 흐름으로 바뀝니다. 발전기의 원리에서와 같이 도체인 외핵이 움직이므로 이와 직각인 방향으로 전류가 발생합니다. 그런데 전류가 흐르는 도선 주위에서는 자기장이 발생하므로 외핵에서 발생한 전류가 지구의 자기장을 만들어 냅니다. 지구 내부에서 전류가 발생하는 과정이 발전기의 원리와 같아서 이러한 이론을 '다이너모설'이라고 부르게 되었습니다.

다이너모설은 지구 내부의 높은 온도에도 불구하고 지구 자기장이 생성되는 과정을 설명할 수 있기 때문에 영구 자석설보다 더 많은 지지를 받고 있습니다.

다음 시간에는 고지구 자기에 대해 배우기 전에 대륙의 이동에 대해서 먼저 알아보도록 하지요.

만화로 본문 읽기

선생님 지구는 어떻게 자기를 가지고 있는 건가요?
지금까지 알려진 지구 자기 생성 이론은 크게 두 가지가 있어요. 하나는 영구 자석설이고, 또 하나는 다이너모설입니다.

영구 자석설은 간단히 말해서 지구 안에 거대한 영구 자석이 존재한다는 이론입니다.
S
N
지구 내부가 철로 되어 있다고 배웠는데, 그럼 철이 자석이 되는 거군요.

그러나 자석이 퀴리 온도보다 높게 온도가 올라가면 더 이상 자성을 나타내지 못한다는 것이 밝혀지면서 영구 자석설은 근거를 잃게 되었어요.
지구 내부의 온도는 얼마인가요?

핵의 온도가 약 3,500℃ 이상이므로 자성을 나타낼 수가 없어요. 다이너모설은 지구 안에 거대한 발전기가 있고, 그곳에서 발생한 전류가 지구의 자기장을 만든다는 이론이에요.
지구에 발전기가 있다고요? 안 믿어져요.

지구의 외핵은 주로 철 등이 녹아 있는 액체로 이루어졌기 때문에 열이 전달되는 현상인 대류에 의해 쉽게 움직일 수 있습니다.
내핵
외핵
맨틀

발전기의 원리처럼 철 등으로 이루어져 전기를 통할 수 있는 외핵이 움직이면서 유도 전류가 발생해 지구의 자기장을 만들어 낸다는 것이죠.
제가 듣기에는 다이너모설이 영구 자석설보다 더 설득력이 있는 것 같아요.

다섯 번째 수업

5

대륙이 이동했다는 확실한 증거는 무엇일까요?

베게너는 옛날에 한 덩어리였던 대륙이 점점 이동하여
오늘날과 같은 모습으로 분리되었다고 주장하였습니다.
대륙이 이동했다는 사실은 어떻게 알 수 있을까요?

5

다섯 번째 수업

대륙이 이동했다는 확실한 증거는 무엇일까요?

교과 연계		
	초등 과학 4-2	2. 지층과 화석
	중등 과학 1	8. 지각 변동과 판 구조론
	중등 과학 2	6. 지구의 역사와 지각 변동
	고등 지학 I	2. 살아 있는 지구
	고등 지학 II	1. 지구의 물질과 지각 변동

길버트가 학생들에게
대륙 이동설에 대해 질문하며
다섯 번째 수업을 시작했다.

여러분, 대륙이 이동한다는 얘기를 들어본 적 있나요? 과학자 베게너는 대륙 이동설을 주장했어요. 그런데 대륙이 이동했다는 것을 어떻게 알아냈을까요?

베게너가 주장한 대륙 이동설

1911년 가을, 독일의 마르부르크 대학에서 천문학과 기상학을 강의하던 베게너(Alfred Wegener, 1880~1930)는 한 과

베게너

학 잡지를 읽던 중 우연히 한 기사가 눈에 들어왔어요. 그 내용은 대서양을 사이에 두고 서로 떨어져 있는 남아메리카와 아프리카에서 서로 같은 종의 화석이 발견되었다는 것이었습니다.

이에 흥미를 느낀 베게너는 더 상세한 지식을 얻기 위하여 도서관의 서적들을 뒤지기 시작하였습니다. 그는 연구를 하면서 아프리카와 남아메리카뿐만 아니라 유럽과 북아메리카 등 서로 떨어져 있는 대륙에서 다양한 동식물의 화석이 공통적으로 발견된다는 사실을 알게 되었습니다.

이 순간 베게너는 전부터 품어 왔던 의구심에 다시 사로잡히게 되었습니다. 그것은 대서양을 사이에 두고 있는 아프리카와 남아메리카 대륙의 해안선이 서로 비슷하게 생겼다는 것으로 미루어 볼 때, 혹시 두 대륙이 과거에는 서로 붙어 있지 않았을까 하는 의구심이었습니다.

이러한 의구심은 베게너 이전에도 여러 사람이 가졌던 생각이었지만 누구도 깊은 관심을 가지고 연구하려 들지 않았습니다. 그도 그럴 것이 당시에는 대륙이 넓디넓은 대서양의 크기만큼 갈라져 이동했으리라는 생각은 너무나 터무니없게 여겨졌지요. 그래서 더 이상 이러한 가설에 대하여 열정을 가지고 탐구하려고 하지 않았습니다.

그러나 베게너는 자신의 눈앞에 정리된 자료들을 보는 순간 이것이야말로 옛날에 한 덩어리였던 대륙이 언젠가 서로 이동을 해서 오늘날과 같은 모습으로 분리된 증거라는 생각에 점점 확신을 갖게 되었습니다. 즉, 넓은 바다를 건너서 이동할 수 없는 생물들의 화석이 양쪽의 대륙에서 공통적으로

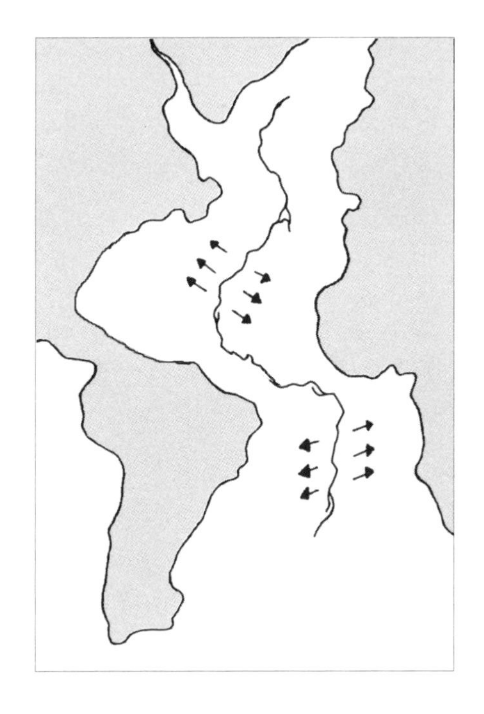

발견된다는 것은, 과거에 두 대륙이 하나로 붙어 있었다가 갈라져 이동했다는 것을 증명하는 것이기 때문입니다. 더군다나 바다를 사이에 두고 서로 마주 보는 대륙의 해안선 모양까지 퍼즐의 조각처럼 아주 잘 들어맞았습니다. 화석이 바다를 헤엄쳐 건넜을 리도 없고…….

베게너는 그 후 몇 년 동안 자신의 생각을 입증할 수 있는 더 많은 자료들을 모아서 《대륙 및 해양의 기원》이라고 하는 대륙 이동에 관한 책을 출간하였습니다. 그는 이 책에서 대륙 이동의 증거를 다음과 같이 설명하였습니다.

첫째, 대양을 사이에 두고 서로 마주 보고 있는 대륙들의 해안선 윤곽이 퍼즐 조각처럼 잘 들어맞는다.
둘째, 서로 떨어져 있는 대륙에서 동일한 종류의 화석들이 발견된다.
셋째, 서로 떨어져 있는 두 대륙을 분리되기 이전의 원래 모습으로 붙여 놓았을 때 지질의 분포가 연결된다.
넷째, 대륙들에 남아 있는 빙하 퇴적물의 분포가 대륙들을 원래 모습대로 붙여 놓고 보면 서로 연결된다.

이런 사실들을 근거로 베게너가 아주 다양한 증거들을 찾아냈다는 것을 알 수 있어요. 당시에 그렇게까지 생각하다니 베

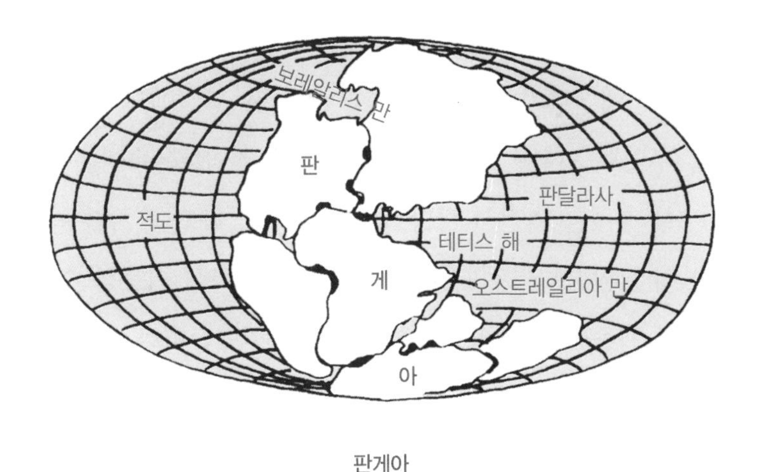

판게아

게너는 정말 대단한 과학자이자 선각자임이 틀림없습니다.

그는 더 나아가 이러한 증거들을 이용하여 아프리카와 남아메리카뿐만 아니라 세계 곳곳에 있는 여러 대륙들이 갈라져 이동하여 오늘날의 모습을 갖추게 되었다고 주장하였습니다. 대륙들을 퍼즐 맞추기처럼 짜맞추어 원래의 모습으로 되돌려 보면 약 3억 년 전에는 모든 대륙이 한 덩어리로 뭉쳐 거대한 대륙을 형성하고 있었는데, 이를 초대륙이라는 뜻의 판게아(Pangaea)라고 이름 붙였습니다.

하지만 베게너가 제시한 증거들은 대륙이 이동했다는 직접적인 증거는 아니었습니다. 모두 대륙이 이동했기 때문에 나타날 수 있는 현상을 말한 것이지, 대륙 이동 그 자체를 증명

하는 것은 아니었습니다.

그래서 베게너가 주장한 대륙 이동설은 당시에도 많은 반대에 부딪혔습니다. 기존의 지질학자들은 대륙이 이동했다는 사실 자체를 여전히 황당한 얘기로 생각하고 좀처럼 믿으려 하지 않았습니다. 또, 베게너 자신도 대륙이 이동할 수 있는 힘의 원동력을 올바르게 설명하지 못하였습니다.

베게너는 지구 자전에 의한 원심력과 달과 태양의 인력으로 작용하는 밀물과 썰물을 만들어 내는 힘이 상호 작용하여 대륙이 이동한다고 하였습니다. 좀 터무니없긴 하지요.

베게너가 제시하였던 대륙 이동의 증거들도 사실은 대륙 이동 그 자체를 증명하기보다는 대륙 이동의 결과로 나타난 현상이기 때문에, 반론을 퍼붓는 다른 학자들을 잠재우기에는 역부족이었습니다. 대륙 이동설을 반박하는 사람들은 베게너가 제시한 대륙 이동의 증거들이 꼭 대륙이 이동하지 않아도 나타날 수 있는 현상이므로, 그러한 증거들만으로는 대륙이 이동했다는 것을 믿을 수 없다고 하였습니다.

예를 들어, 스탠퍼드 대학의 윌리스(Bailey Willis, 1857~1949) 교수는 만일 대륙이 실제로 이동하였다면 이동 과정에서 대륙이 비틀리거나 늘어나서 원래의 모습으로 변해야 하는데, 대륙의 해안선이 서로 일치하는 것처럼 보이는 것은 우연일 따름이라고 꼬집었습니다.

이처럼 베게너의 대륙 이동설이 쉽게 받아들여지지 않은 이면에는 그가 정통 지질학자가 아니었다는 이유가 적지 않은 영향을 미쳤다고 합니다.

그럼에도 베게너는 자신의 확신을 굽히지 않았고, 주변에서 대륙 이동설을 지지하는 학자들도 점차 생겨나게 되었습니다. 그중에는 남아프리카 공화국의 지질학자인 뒤 투아(Alexander Du Toit, 1878~1948)와 같은 이도 있었습니다. 뒤 투아는 베게너가 제시했던 대륙 이동의 증거들을 직접 확인했을 뿐만 아니라 《배회하는 대륙》이라는 저서를 베게너에게 헌정하기까지 하였습니다. 그러나 안타깝게도 베게너의 선구적인 생각은 베게너가 1930년 그린란드 탐사 원정길에서 사망하면서 더 이상 발전하지 못하고 점차 잊혀 갔습니다.

이후로 다른 과학자들에 의해서 지각 아래에 있는 맨틀이 대류할 수 있다는 사실이 알려졌고, 대양저가 해령에서 생성되어 양쪽으로 확장된다는 사실이 밝혀지면서 사람들은 대륙이 정말로 이동할 수도 있다는 것을 점차 사실로 받아들일 수 있게 되었습니다.

하지만 여전히 대륙이 이동했다는 직접적인 증거는 없습니다. 베게너가 제시하였던 것 말고 대륙 이동에 대해 반론의

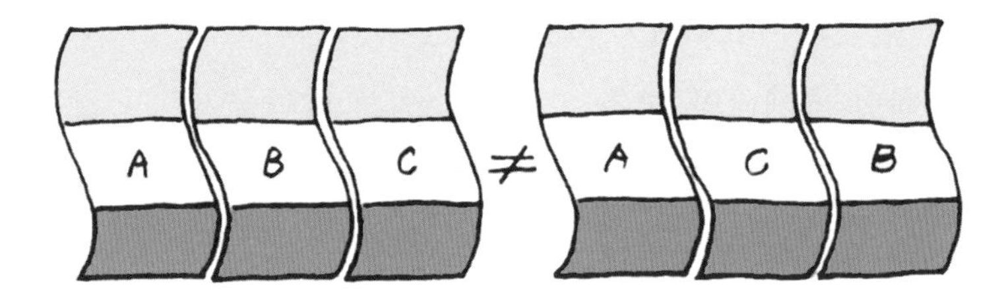

퍼즐 조각을 잘못 맞출 수도 있다.

여지와 확실한 증거가 없다는 것은 여전히 학자들의 고민이 되고 있었습니다. 예를 들어, 퍼즐 조각을 맞출 때 퍼즐 조각의 모양과 색깔만을 기준으로 맞춘다면 어떻게 될까요?

원래는 서로 다른 조각이지만 서로 맞는 조각으로 착각하여 전혀 엉뚱한 조각을 옆에 붙여놓을 수도 있겠지요. 그와 같이 해안선의 모양, 화석이나 지질의 분포만을 기준으로 대륙 조각 맞추기를 한다면 전혀 상관이 없는 대륙을 서로 짜맞출 수도 있는 위험을 안고 있습니다.

만일 퍼즐에 원래의 위치와 모양을 알 수 있는 선들이 미리 표시되어 있다면 조각을 맞추는 데 어떤 도움이 될까요? 조각을 맞추기가 훨씬 쉬워지고 확실해지겠지요. 퍼즐 조각들이 아무리 흐트러져 있어도 그 선들을 기준 삼아 선들의 방향이 서로 일치하는 조각들을 찾아 맞춰 나가면 되기 때문입니다.

또한, 이 퍼즐은 퍼즐 조각의 모양과 색깔이 아무리 비슷해

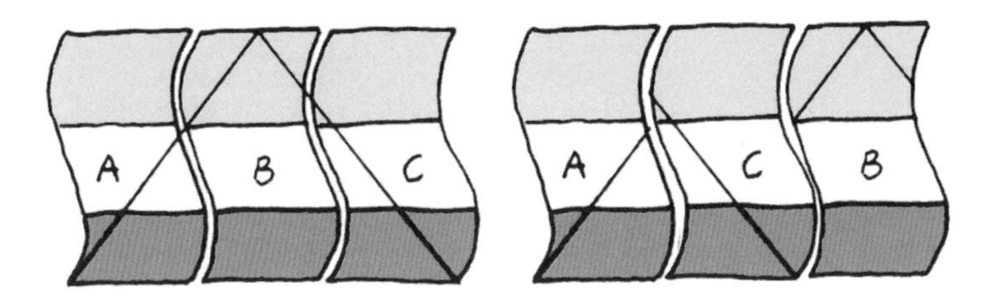

퍼즐 조각을 잘못 맞추면 기준선이 일치하지 않는다.

도 선의 방향이 일치하지 않으면 원래의 조각이 아니라는 것을 바로 알아차릴 수 있습니다. 아마도 이런 퍼즐이 정말 있다면 너무 쉬워서 아무도 사려고 하지 않을 거예요.

베게너는 오늘날 흩어져서 나뉘어져 있는 대륙들을 퍼즐 조각처럼 맞추면 약 3억 년 전에는 판게아라는 하나의 초대륙으로 모여 있었다고 말했습니다. 하지만 베게너가 제시하였던 대륙 이동의 증거들만으로 대륙 퍼즐 맞추기를 하는 것은 마치 퍼즐 조각의 모양과 색깔만을 보고 조각 맞추기를 하는 것과 같아서 엉뚱한 대륙을 서로 붙여놓는 실수를 할 수도 있습니다. 만일 대륙들에도 원래의 위치와 모양을 알 수 있는 선이 표시되어 있다면 얼마나 좋을까요?

정말 그러한 선이 표시되어 있다면 그 선을 기준으로 대륙의 모양을 반론의 여지없이 정확히 맞출 수 있었겠지요. 그런데 그런 선이 있기는 할까요?

베게너는 몰랐었지만, 실제로 대륙에는 그러한 선들이 표시되어 있습니다. 그 선이 어디에 있냐고요? 지구 자체에 그어져 있습니다. 그것은 바로 지구의 자기장에 의해 나타나는 지구 자기력선입니다.

지구의 암석에는 과거의 지구 자기장이 마치 화석처럼 간직되어 남아 있다. 이것을 '고지구 자기'라고 하는데, 화석과 같은 구실을 한다고 해서 '자기 화석'이라고도 한다.

드디어 고지구 자기란 말이 나오네요. 고지구 자기란 말 그대로 옛날의 지구 자기란 뜻이에요. 옛날에도 지구에는 자기장이 있었을 것이므로, 당시 지구 자기장의 방향과 세기를 간직하고 있는 것이 고지구 자기입니다.

고지구 자기가 대륙의 원래 모습을 표시하는 기준선의 구실을 합니다. 고지구 자기를 이용하면 반론의 여지없이 대륙을 갈라지기 이전의 원래 모습대로 붙여 놓을 수 있습니다.

그런데 고지구 자기를 어떻게 대륙 이동의 증거로 이용할 수 있을까요?

다음 수업 시간에는 고지구 자기에 대하여 알아봅시다.

만화로 본문 읽기

이렇게 퍼즐을 맞추다 보면 지금 5개로 나뉘어져 있는 대륙도 원래는 하나였을지도 모른다는 생각이 들지 않나요?
대륙 이동설 말씀하시는 거죠? 근데 그것을 누가 주장했나요?

베게너라는 과학자예요. 그는 같은 종의 화석이 여러 대륙에서 발견됐다는 사실을 알고 연구를 시작했지요. 그리고 연구한 자료를 토대로 대륙은 하나였다는 믿음을 가졌어요.
대륙은 하나였어!

그리고 3억 년 전 거대한 한 덩어리로 존재했던 대륙을 '판게아'라고 이름 붙이고, 《대륙 및 해양의 기원》이라는 책을 출간했어요. 하지만 사람들은 베게너의 말을 믿지 않았어요.
이것이 판게아지!

왜 믿지 않았죠? 교과서에도 나오는데요.
대륙 및 해양의 기원
당시에는 이 주장을 너무 황당한 것으로 여겼답니다. 거기에 베게너 자신도 대륙이 이동할 수 있는 힘의 원동력을 제대로 설명하지 못했어요.

하지만 시간이 지나면서 점점 베게너의 주장을 믿는 학자들이 등장하는데, 뒤 투아는 베게너의 대륙 이동설을 확인하고, 《배회하는 대륙》이라는 저서를 베게너에게 헌정하기까지 하였죠.
드디어 사람들이 믿기 시작했군요.
배회하는 대륙

이후에 맨틀에 대류가 일어날 수 있다는 사실과 해양저가 해령에서 생성되어 양쪽으로 확장된다는 사실이 밝혀지면서 베게너의 대륙 이동설을 당연시하게 되었습니다.
베게너는 정말 중대한 업적을 남겼네요.

여섯 번째 수업

6

고지구 자기란 무엇일까요?

과거의 지구 자기장을 '고지구 자기'라고 합니다.
고지구 자기를 통하여 무엇을 알 수 있는지 배워 봅시다.

6

여섯 번째 수업

고지구 자기란 무엇일까요?

교과연계		
	초등 과학 4-2	2. 지층과 화석
	중등 과학 1	8. 지각 변동과 판 구조론
	중등 과학 2	6. 지구의 역사와 지각 변동
	고등 지학 I	2. 살아 있는 지구
	고등 지학 II	1. 지구의 물질과 지각 변동

길버트가 화석에 대해 설명하며 여섯 번째 수업을 시작했다.

옛날에 살았던 생물이 죽어서 지층에 묻히면 화석으로 남게 됩니다. 우리는 화석을 통해 과거에 어떤 종류의 생물이 살았으며, 또 어떻게 살았는지를 알 수 있습니다.

화석으로 남아 있는 과거의 생물을 고생물이라고 하지요. 오늘날 우리는 이 고생물을 이용하여 과거에 살았던 생물의 종류뿐만 아니라 당시의 환경까지도 추정할 수 있습니다.

옛날의 지구 자기장도 마치 화석처럼 암석 속에 보존되어 남아 있습니다. 이러한 과거의 지구 자기장을 고지구 자기라고 하고, 고지구 자기를 연구하는 학문을 고지구 자기학이라

1. 공룡이 호숫가에서 살고 있다.

2. 공룡이 죽는다.

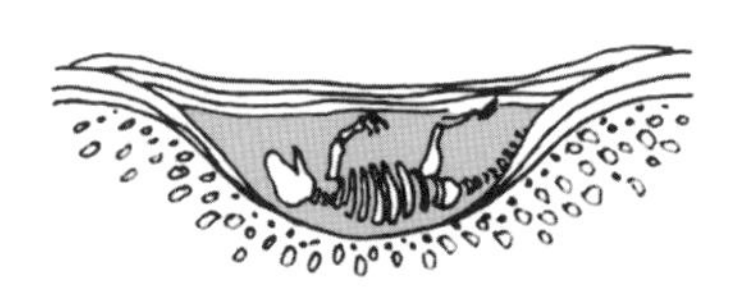

3. 뼈가 썩지 않고 남아 그 위에 쌓인 퇴적물과 함께 굳는다.

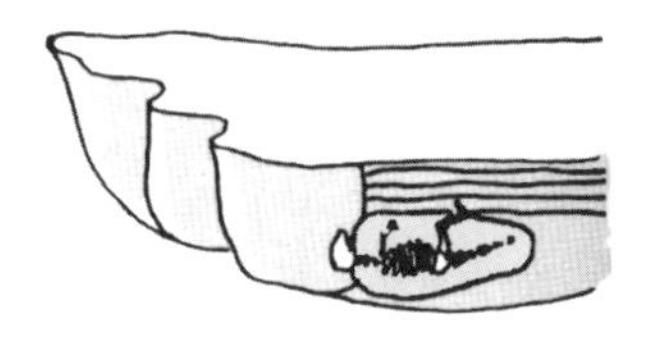

4. 공룡 뼈가 화석이 되어 지층 속에 보존된다.

화석의 형성 과정

고 합니다.

우리가 화석으로 남아 있는 생물의 모양을 보고 생물의 종류나 그 생물이 살았던 환경을 알 수 있는 것처럼 고지구 자기를 연구하면 옛날에 대륙의 모습이 어떠하였고, 오늘날까지 어떻게 이동하였는지 알 수 있습니다.

지구에는 북극과 남극이 각각 하나씩만 있듯이 자기 북극과 자기 남극도 각각 하나씩만 있습니다. 앞에서 살펴보았듯이 지구는 하나의 커다란 자석과 같은 기능을 하기 때문에 지구상의 어디에서나 나침반은 항상 자북과 자남의 일정한 방향만을 가리키게 됩니다.

그 이유는 조그만 자석으로 만들어져 있는 나침반이 지구라는 커다란 자석이 만들어 내는 자기력선의 방향으로 배열되기 때문입니다. 그 모습은 마치 막대자석 위에 유리판을 얹어 놓고 유리판 위에 쇳가루를 뿌린 다음 살살 흔들어 주면 쇳가루들이 일정한 모양으로 배열되는 것과 같은 모습입니다.

쇳가루들이 일정한 무늬를 나타내는 이유는 유리판 아래에 있는 막대자석의 자기장 때문에 쇳가루가 자화되어 나침반처럼 막대자석의 자기력선 방향으로 늘어서기 때문입니다. 이때 막대자석의 자기장 내에 들어 있는 쇳가루는 항상 막대자석의 N극과 S극을 향하게 됩니다.

오랜 세월에 걸쳐서 대륙은 서로 갈라지고 뭉치기도 하면서 그 위치가 계속 변하여 왔지만, 지구 자극의 위치는 큰 변화가 없었습니다. 그래서 모든 대륙이 판게아를 형성하고 있었던 3억 년 전과 마찬가지로 지금도 지구 자기장이 만들어 내는 자기력선의 모양은 같다고 볼 수 있어요.

다시 말하면 우리는 현재의 지구 자기력선 분포를 알고 있으니까 3억 년 전의 자기력선 분포도 지금 모습과 비교하여 알아낼 수 있다는 말이 됩니다. 만일 3억 년 전 대륙에 분포

하던 암석에 당시의 지구 자기장이 남아 있어서 오늘날 우리가 그걸 찾아낼 수 있다면 얼마나 좋을까요? 3억 년 전의 자기력선 방향과 지금의 자기력선 방향을 비교하여, 만일 당시의 자기력선 방향이 지금과 어긋나 있으면 대륙이 원래 위치에서 움직였다는 증거가 되니까요. 마치 퍼즐 조각에 그어진 기준선이 서로 일치하지 않으면 퍼즐이 올바른 위치에 있지 않는 원리와 같지요. 자기 화석, 즉 고지구 자기는 당시의 대륙 위치를 알아낼 수 있는 기준선이 되는 셈입니다.

그런데 눈에 보이지도 않는 지구 자기장이 어떻게 화석처럼 암석에 보존될 수 있지요?

다음 시간에는 고지구 자기가 암석에 보존될 수 있는 원리와 방법을 알아보도록 하겠습니다.

만화로 본문 읽기

옛날의 지구 자기장도 마치 여기 있는 공룡 화석처럼 암석 속에 보존되어 남아 있다는 걸 알고 있나요?
정말이요?

암석 속에 보존된 과거의 지구 자기장을 '고지구 자기'라고 하고, 고지구 자기를 연구하는 학문을 '고지구 자기학'이라고 합니다.
고지구 자기학으로 무엇을 알 수가 있나요?

지구는 하나의 커다란 자석과 같은 기능을 하기 때문에 지구상의 어디에서나 나침반은 항상 자북과 자남의 일정한 방향만을 가리키게 됩니다. 그것은 3억 년 전에도 같았겠죠?
당연히 그렇지 않을까요?
북극점
자전축
자북극
11°
자남극
남극점

그러면 3억 년 전 대륙에 분포하던 암석이 있다면 이것으로 3억 년 전의 자기력선 분포를 알 수 있겠지요?
그렇겠네요.

이렇게 고지구 자기를 이용해 과거와 현재의 자기력선의 방향을 비교했을 때, 방향이 어긋나 있다면 대륙이 원래의 위치에서 움직였다는 증거가 될 수 있겠지요.
아~!

마치 퍼즐 조각에 기준선이 있는 것처럼, 고지구 자기는 당시의 대륙 위치를 알 수 있는 기준선이 된답니다.
그렇게 활용될 수 있군요.

일곱 번째 수업

7

고지구 자기는 어떻게 암석에 보존될 수 있을까요?

지구 자기장도 화석처럼 암석에 보존됩니다.
암석은 자기장을 어떻게 기록할 수 있었는지 알아봅시다.

7

일곱 번째 수업

고지구 자기는 어떻게 암석에 보존될 수 있을까요?

교과연계		
	초등 과학 3-1	2. 자석의 성질
	초등 과학 6-1	7. 전자석
	중등 과학 2	6. 지구의 역사와 지각 변동
	중등 과학 3	6. 전류의 작용
	고등 물리 I	2. 전기와 자기장
	고등 물리 II	2. 전기장과 자기장
	고등 지학 II	1. 지구의 물질과 지각 변동

길버트의 일곱 번째 수업은 실험실에서 진행되었다.

고지구 자기가 어떻게 암석 속에 보존되는지를 알기 위해서는 우선 자성이 어떻게 생기는지를 알아봐야 합니다. 먼저 손쉽게 자석을 만들 수 있는 방법을 실험해 보겠습니다.

쇠못, 종이, 에나멜선, 클립, 건전지, 양초, 라이터를 준비합니다. 쇠못을 불에 달구었다가 완전히 식힌 다음 쇠못 위에 종이를 감습니다. 그 위에 에나멜선을 같은 방향으로 아주 촘촘히 감습니다.

쇠못에 에나멜선을 감을 때는 되도록 같은 방향으로 촘촘히 감아야 좋은 자석을 만들 수 있습니다. 이제 다 감았으면

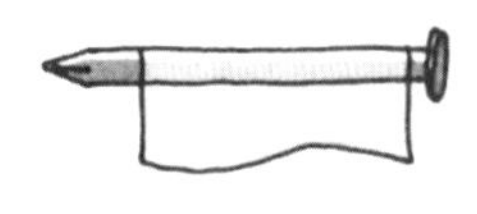
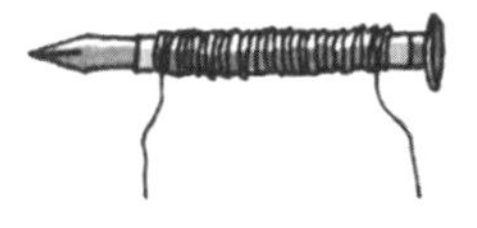

에나멜선의 양끝에 건전지를 연결하고 에나멜선에 전류를 흘려보내세요. 그리고 클립을 가까이 하여 보세요. 어떻게 되었지요?

쇠못 끝에 클립이 달라붙지요? 쇠못 끝에 클립을 가까이 하면 클립이 쇠못에 달라붙는 것으로 봐서 쇠못이 자석이 되었다는 것을 확인할 수 있어요.

이번에는 건전지와의 연결을 끊어 보세요. 클립이 다시 떨어졌지요? 쇠못의 자성이 사라진 걸까요? 그렇습니다. 쇠못

은 다시 자석이 아닌 보통의 쇠못으로 되돌아간 것입니다.

그렇다면 이 실험으로 미루어 볼 때 쇠못이 자석으로 된 이유는 무엇일까요? 에나멜선에 흐르는 전류 때문입니다. 전류가 흐르니까 쇠못이 자성을 띠게 되고, 전류를 끊으니까 자성을 잃게 되는 사실을 통해서 알 수 있습니다.

에나멜선에 전류가 흐른다는 것을 전하가 이동한다고 말합니다. 자기장은 바로 이동하는 전하에 의해서 만들어진 것이지요. 이러한 현상은 아주 작은 곳에서도 나타납니다. 물질을 눈에 보이지 않는 아주 작은 단위로 나누어 보면 결국 눈에 보이지 않는 원자로 이루어져 있습니다.

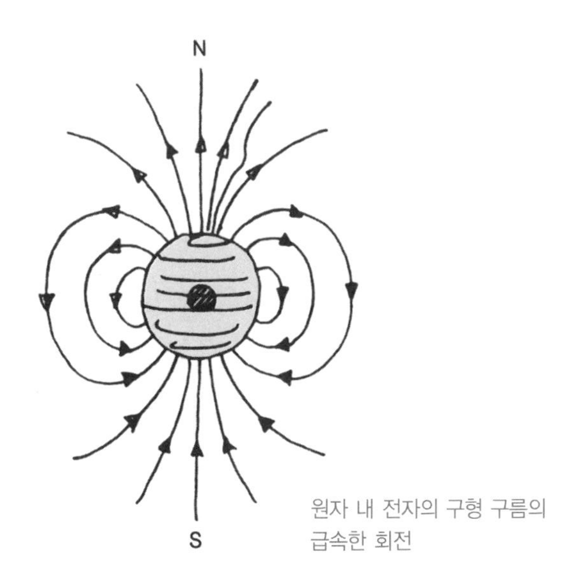

원자 내 전자의 구형 구름의 급속한 회전

원자는 중심에 원자핵이 있고, 전자들이 구름처럼 원자핵 주위를 둘러싸고 회전하고 있습니다. 그중에 어떤 종류의 원자는 임의의 어떤 축 둘레를 시계 방향으로 회전하는 전자들이 있습니다. 이런 전자구름의 운동은 코일에 흐르는 전류가 자기장을 만드는 것과 똑같은 원리로 자기장을 만듭니다. 원자 하나가 아주 조그만 자석이 된 셈이죠.

만일 전자구름의 회전 방향이 같은 원자들이 일렬로 서면 어떻게 될까요? 막대자석을 한 줄로 붙여 놓은 것처럼 더 강한 자성을 띠게 됩니다.

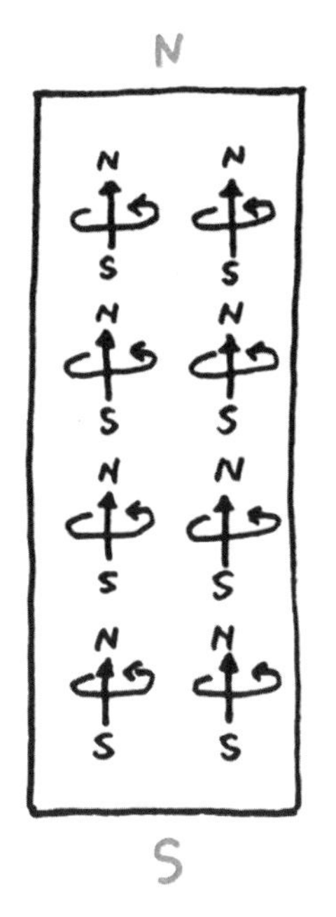

어떤 물체 속에 이처럼 줄을 선 원자들이 아주 많이 모여서 한 덩어리가 되어 있으면 그 덩어리가 바로 자석이 됩니다.

즉, 막대자석과 같이 센 자기력을 갖는 물질은 전자구름의 회전 방향이 같은 원자들이 질서 정연하게 아주 많이 모여 있는 덩어리인 셈입니다.

그런데 이러한 원자들의 질서가 흐트러지면 어떻게 될까요? 자기력의 방향이 제멋대로가 되어서 전체 덩어리는 자성을 띠지 못하게 되겠지요.

사실은 막대자석과 같은 영구 자석을 제외하고는 대부분의 자성 물질들은 원자들이 무질서하게 흐트러진 상태입니다. 어떤 것들은 원자들의 회전 방향이 약 반절씩 반대 방향을 향하고 있는 것도 있어요. 따라서 모든 자성체가 항상 자성을 띠는 것은 아닙니다.

그러면 막대자석 속의 이러한 원자들을 무질서하게 만들어서 자성을 잃게 할 수도 있을까요? 물론 가능합니다. 막대자석에 열을 가하면 어느 온도 이상에서는 원자들이 제 마음대로 흐트러져 무질서해집니다. 원자들이 무질서하게 있는 막대자석은 더 이상 자성을 띠지 못하게 됩니다. 그래서 막대자석을 가지고 놀 때는 열을 가까이 하지 말아야 하는 것입니다.

막대자석에 열을 가했을 때 원자들의 질서가 흐트러지는 이유는 무엇일까요? 막대자석 속의 원자들은 항상 진동을 하고 있는데, 열을 가하면 열에너지를 공급받아서 이 진동이 더욱 심해지기 때문입니다. 온도가 더욱 올라갈수록 진동이 점점 커져서 결국 진동하는 힘이 원자들이 일렬로 서려는 힘보다 커지면 원자들이 무질서해지게 됩니다. 그러면 자성을 더 이상 띠지 못하게 됩니다.

원자들이 완전히 무질서해져서 자성을 잃게 되는 온도를 퀴리 온도라고 합니다. 지구 안의 온도는 퀴리 온도 이상이기

때문에 영구 자석이 존재할 수 없다고 앞에서 설명했지요?

그럼 다시 고지구 자기 얘기로 돌아가서, 고지구 자기가 암석에 어떻게 보존되는지를 알아보기 위해서 앞에서 했던 막대자석과 쇳가루 실험을 다시 한번 돌이켜 봅시다. 이 실험은 지구 자기장의 원리를 설명하는 데 중요합니다.

막대자석 위에 유리판을 올려놓습니다. 그 위에 쇳가루를 뿌린 다음 유리판을 살살 흔들어 줍니다. 그러면 쇳가루가 일정한 무늬를 나타내면서 늘어서게 됩니다. 즉, 쇳가루가 막대자석의 N극에서 S극으로 향하는 자기력선 방향으로 길쭉길쭉한 선을 만들면서 배열하게 됩니다.

만일 유리판 아래의 막대자석을 멀리 치우고 유리판을 흔든다면 어떻게 될까요? 막대자석의 자기장의 영향으로부터 벗어나기 때문에 쇳가루는 다시 제멋대로 늘어서게 됩니다.

이번에는 막대자석을 치우지 않은 상태에서 쇳가루 위에 조심해서 스프레이 접착제를 뿌린다면 어떻게 될까요? 접착제가 굳으면서 쇳가루도 더 이상 움직일 수 없게 되겠지요.

접착제가 완전히 굳은 다음에 유리판을 흔들면 어떻게 될까요? 쇳가루가 접착제에 달라붙어서 흐트러지지 않고 처음의 무늬를 그대로 남겨 놓고 있겠지요.

이제 막대자석을 치우면 어떻게 될까요? 막대자석이 없어도 마치 막대자석이 그대로 있는 것처럼 쇳가루가 일정한 모양을 유지하고 남아 있게 됩니다.

옛날의 지구 자기장도 이와 비슷한 방법으로 보존됩니다. 암석 속에는 눈에 잘 보이지는 않지만 자철석과 같은 자성 광물이 포함되어 있습니다. 자성 광물은 하나하나가 아주 조그만 자석이므로 나침반과 같이 지구의 남과 북을 가리킵니다. 특히 현무암 같은 암석에는 자성 광물이 더 많이 포함되어 있습니다. 현무암은 마그마가 지표면으로 분출되어 나온 용암이 식어서 굳은 암석으로 제주도에 특히 많이 있지요.

그런데 용암은 암석이 녹아서 물처럼 흐르는 것이기 때문에 온도가 아주 높습니다. 그래서 자성 광물이 용암 속에 들어 있을 때에는 용암의 온도가 퀴리 온도보다 높기 때문에 자성을 띠지 못합니다. 아주 강한 자성 광물이라도 800℃ 이상에서는 자성을 띠지 못한다고 했는데, 용암의 온도는 1,000℃ 이상일 테니까 웬만한 자성 광물은 그 안에서는 자성을 띠지 못합니다.

하지만 이렇게 뜨거운 용암도 지표에서 흐르다 보면 점점 식어서 단단한 암석이 됩니다. 용암이 점점 식다 보면 언젠가는 퀴리 온도보다 낮아지는 순간이 있겠지요. 바로 이때부

터 용암 속에 들어 있던 자성 광물이 자성을 띠게 됩니다. 즉, 자성 광물이 조그만 자석으로 되는 것입니다.

이 자성 광물은 마치 막대자석 위에 뿌려 놓은 쇳가루처럼 일정한 방향으로 배열됩니다. 하지만 자성 광물을 일정한 방향으로 배열하려면 주위에 막대자석 같은 것이 있어야 할 겁니다. 주위에 자석이 어디에 있냐고요? 그것은 바로 지구라고 하는 아주 커다란 자석입니다. 즉, 자성 광물이 지구의 자기장에 의해서 자북극과 자남극을 가리키면서 일정한 방향을 나타내게 되는 것입니다. 아주 조그만 나침반들이 된 셈입니다.

용암이 더욱 식어서 단단한 암석이 되면 자성 광물도 암석 속에서 함께 움직일 수 없게 됩니다. 마치 막대자석 주위의

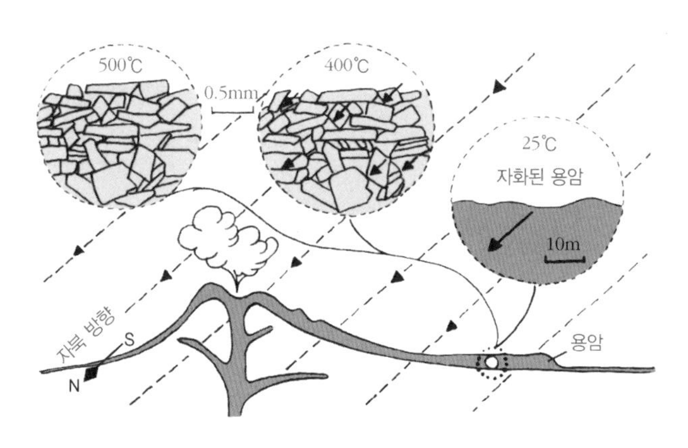

열 잔류 자기의 획득 과정

쇳가루를 스프레이 접착제로 고정시킨 것과 같은 원리입니다. 이렇게 암석과 함께 고정된 자성 광물은 오랜 시간이 지나도 처음 자성을 띠게 될 때의 방향을 변함없이 유지하게 됩니다.

다시 말하면 용암이 굳을 당시의 지구 자기력선의 방향을 간직하게 되는 것입니다. 마치 생물이 죽어서 암석과 함께 화석이 되면 오랜 세월이 지나도 변함없이 그 형태를 유지하는 것과 마찬가지이지요.

이처럼 암석에 보존되어 있는 과거의 자기장을 자기 화석이라고도 부릅니다.

그런데 지구의 자기장도 오랜 세월이 지나는 동안 변합니다. 사실은 지구 자기장의 방향과 세기는 항상 조금씩 변하고 있습니다. 지구의 자북과 자남의 위치도 영년 변화 때문에 해마다 약간씩 변하고 있습니다.

영년 변화란 몇 백 년 또는 몇 천 년에 걸쳐서 자극의 위치가 자전축 주위에서 불규칙적으로 조금씩 변하는 현상을 말합니다.

영년 변화의 원인은 아직 정확히 알려지지는 않았지만 아마도 외핵의 유동에 그 원인이 있다고 추정하고 있습니다.

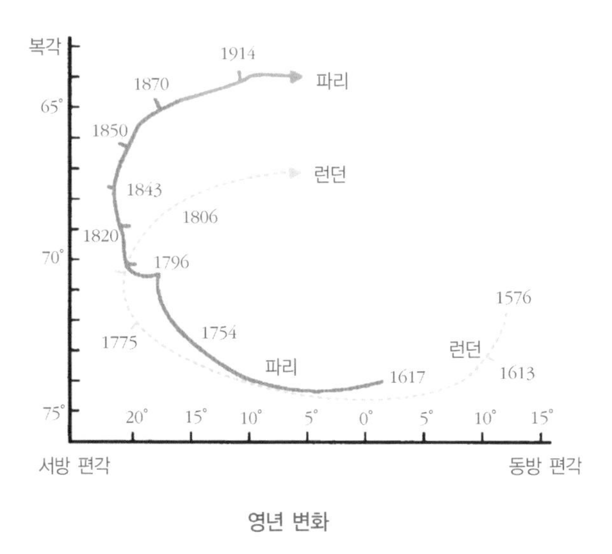

영년 변화

아무튼 이 영년 변화로 인해 한 지점에서 측정한 편각과 복각의 값은 해마다 조금씩 달라지고 있습니다.

그렇다면 지구 자기장의 위치도 옛날에는 지금과 달랐을까요? 설령 옛날의 지구 자기장을 알아낸다 하여도 지금은 쓸모가 없지 않을까요? 옛날의 지구 자기장 방향이 지금과 전혀 다르다면 정말 쓸모가 없겠지요. 하지만 긴 지질학적 시간 동안 자극의 위치를 평균적으로 살펴보면 현재의 자전축의 위치는 북극과 남극에 일치하고 있습니다. 적어도 1만 년 동안 영년 변화로 이동한 자북의 위치를 평균하여 보면 현재의 진북 위치에 놓여 있게 됩니다.

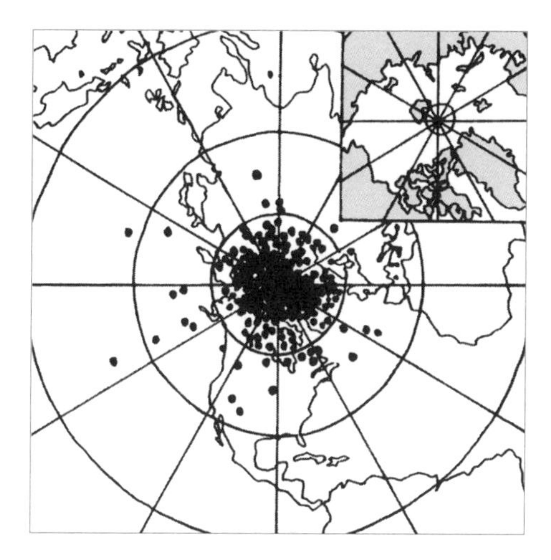

영년 변화로 이동한 자북의 위치를 평균하면 진북과 일치한다.

1만 년이면 아주 긴 시간이지요. 하지만 지질학적 시간으로 보면 1만 년은 매우 짧은 시간입니다. 무시해도 좋을 만큼 짧은 기간이지요. 그러니까 긴 지질학적 시간 동안 자북의 위치는 현재의 진북의 위치에서 변하지 않고 고정되어 있다고 해도 틀리지 않습니다.

그래서 지구 자기장이 만들어 낸 자기력선들의 방향을 과거나 현재나 서로 같다고 봐도 됩니다. 지구의 자기장은 과거나 현재나 항상 똑같이 남과 북을 가리키는 자기력선을 만들어 내고 있습니다. 물론 옛날의 대륙에 있던 암석에서 만들어져 보존된 자기 화석 역시 남과 북을 가리키고 있겠

지요.

그런데 어떤 대륙에서는 그곳의 암석에 보존되어 있는 고지구 자기를 측정해 보면, 지구 자기력선의 방향이 남과 북을 가리키는 선에서 어긋나 있는 것을 발견할 수 있습니다. 자기력선의 방향은 항상 남과 북을 가리켜야 하는데, 이러한 현상은 무엇을 의미할까요?

남과 북을 가리켜야 할 자기력선이 어긋나 있다는 것은 다음의 2가지 원인 중 한 가지에 해당합니다. 첫 번째는 자극의 위치가 바뀌었을 때이고, 두 번째는 고지구 자기를 보존하고 있는 암석을 포함한 대륙이 원래의 위치로부터 이동하였을 때입니다.

그런데 앞에서 자극은 늘 같은 위치에 있다고 했으니까 자기력선이 어긋나려면 결국 대륙이 이동해야만 합니다. 이것은 바로 대륙이 원래 장소로부터 이동했다는 것을 말해 줍니다. 만일 대륙이 이동하지 않았으면 고지구 자기의 방향은 지금과 같아야겠지요.

우리는 이러한 현상을 이용하여 대륙이 이동한 정도와 방향을 알아낼 수 있습니다. 현재의 자기력선 방향과 비교하여 옛날의 자기력선 방향이 어긋난 정도를 측정하면 대륙이 오늘날까지 얼마만큼 이동했는지를 알 수 있습니다. 반대로 어긋나 있는 자기력선의 방향을 서로 일치하도록 만들어 주면 대륙의 원래 모습을 복원할 수도 있습니다.

베게너가 이러한 사실을 알았더라면 얼마나 좋았겠어요. 지구의 자기장이 항상 남과 북을 가리킨다는 것은 너무나 명백한 사실이므로 이를 이용하여 대륙의 원래 모습을 복원하였다면 반론의 여지가 없었겠지요.

고지구 자기를 연구하여 알아낸 바에 의하면 인도 대륙도 남극 쪽에 붙어 있었는데, 북쪽으로 이동하다가 아시아 대륙과 충돌하면서 히말라야 산맥을 만들었다고 하는군요.

그럼 한국은 어떠했을까요? 한국의 위치도 원래는 지금의 자리에 있지 않았습니다. 과거 한국의 남부는 남반구의 오스트레일리아 대륙 쪽에 붙어 있었다가 북쪽으로 이동하여 1억 5000만 년 전쯤에 지금의 위치에 자리를 잡게 되었습니다.

한국도 위치를 이동했다고 하니까 쉽게 믿어지지가 않지요? 이처럼 지구 자기장을 이용하면 중요한 사실들을 하나하나 알아낼 수 있습니다. 그렇다면 고지구 자기를 이용하여 알아낸 한국의 옛날 모습은 어떠했을까요?

다음 수업 시간에는 한국이 어디에서 어떻게 이동하여 왔는지를 알아봅시다.

만화로 본문 읽기

선생님, 고지구 자기는 어떻게 암석 속에 보존되나요?
예를 들어, 막대자석 위에 있는 유리판에 쇳가루를 뿌리면 자기력선을 만들면서 배열해요.

그런 다음 접착제를 뿌리면 쇳가루들이 더 이상 움직일 수 없게 되지요. 이때 막대자석을 치우면 어떻게 될까요?
마치 막대자석이 있을 때처럼 쇳가루들이 일정한 모양을 유지하고 남아 있겠네요.

그래요. 옛날의 지구 자기장도 이와 비슷한 방법으로 보존되지요. 암석 속에는 눈에 잘 보이지 않지만 자철석과 같은 자성 광물이 포함되어 있어요.
그렇군요.
자성 광물
암석

자성 광물은 하나하나가 아주 조그만 자석이라서 나침반과 같이 남과 북을 가리켜요. 특히 현무암 같은 암석에는 자성 광물이 더 많이 포함되어 있지요.
현무암이요?

현무암은 마그마가 지표면으로 분출되어 나온 용암이 식어서 굳은 암석으로 제주도에 특히 많이 있지요.
제주도
네, 저도 알아요.

그런데 자성 광물은 뜨거운 용암 속에 있을 때에는 자성을 띠지 못하다가 식어서 퀴리 온도보다 낮아지면 자성을 띠어 조그만 자석이 된답니다.
아. 그렇군요.
예 퀴리 온도가 470℃인 경우
500℃
450℃
25℃
자화된 용암
자북 방향

여 덟 번 째 수 업

8

고지구 자기로 알아낸 한국의 이동

한국은 원래 어디에 있었을까요?
한국이 이동했다는 사실은 어떻게 알 수 있을까요?

8

여덟 번째 수업

고지구 자기로 알아낸 한국의 이동

교. 과. 연. 계.		
	초등 과학 4-2	2. 지층과 화석
	중등 과학 1	8. 지각 변동과 판 구조론
	중등 과학 2	6. 지구의 역사와 지각 변동
	고등 지학 I	2. 살아 있는 지구
	고등 지학 II	1. 지구의 물질과 지각 변동

길버트가 지난 시간에 언급했던 한국의 이동에 대해 여덟 번째 수업을 시작했다.

암석 속에 들어 있는 옛날의 지구 자기장을 알아낼 수 있는 방법은 무엇일까요?

막대자석과 달리 암석 속에는 자성 광물이 아주 조금밖에 들어 있지 않기 때문에, 그로부터 나오는 자기장은 아주 미약합니다. 그래서 보통의 나침반으로는 자기장을 측정할 수 없습니다.

이처럼 약한 자기장을 측정할 수 있는 기구를 자력계라고 하는데, 현재 지구 자기장 세기의 약 10억 분의 1까지도 측정할 수 있습니다. 현미경으로 눈에 보이지 않는 아주 조그만

것도 아주 크게 확대하여 볼 수 있는 것처럼, 자력계를 이용하면 아주 미약한 자기장도 측정할 수 있습니다.

자력계를 이용하여 알아낼 수 있는 것은 옛날의 암석에 보존되어 있는 당시 지구 자기장의 세기뿐만 아니라 편각과 복각도 알아낼 수 있습니다.

앞에서 이미 얘기했듯이, 옛날에 암석이 만들어졌던 지역의 편각과 복각을 알면 당시의 자기력선 방향을 알 수 있고, 이것을 지금의 자기력선 방향과 비교하면 암석을 포함하고 있는 대륙이 얼마만큼 이동했는지를 알 수 있습니다.

한국의 경상남도 하동, 산청 주변에는 회장암이라는 암석이 분포하고 있습니다. 지층의 나이는 방사성 동위 원소를 이용하면 알아낼 수 있는데, 이 방법을 이용하여 측정한 결

과학자의 비밀노트

방사성 동위 원소(radioisotope)

원자 번호는 같지만 질량수가 다른 원소인 동위 원소 중에서 방사능을 갖는 것을 말한다. 약 300종의 천연 동위 원소 중 약 40종이 여기에 속한다. 천연의 방사성 동위 원소 외에, 오늘날에는 약 1,000종에 이르는 방대한 종류의 인공 방사성 동위 원소가 알려져 있다. 과학자들은 지층의 생성 연대를 밝히기 위해서 방사성 동위 원소의 특성을 이용해 절대 연대를 측정한다.

과 이곳에 있는 회장암의 나이는 17억 년보다 더 오래되었다고 합니다.

암석에 남아 있는 지구 자기장을 자력계로 측정하려면 암석의 표본을 채취하여야 합니다. 이때 매우 주의 깊게 현재의 위치와 자북의 방향, 암석이 놓여 있는 자세 등을 표시해야 합니다. 만약 암석을 포함한 대륙이 이동하였다면, 그렇게 해야만 이 암석이 있는 곳의 현재와 옛날의 위치를 서로 비교할 수 있기 때문이지요.

하동과 산청 지역에서 채취한 회장암 표본 300여 개를 자력계로 고지구 자기를 측정한 결과 상당히 흥미롭고 이상한 사실을 알아낼 수 있었습니다. 그것은 복각이 평균 -54°로 나왔다는 점입니다. 즉, 약 17억 년 전에 하동과 산청에서 회장암이 만들어질 당시에는 이 지역의 복각 값이 -54°였다는 말이 됩니다.

이것은 지금의 복각 값과 비교하면 아주 이상한 사실이 아닐 수 없습니다. 현재 -54°의 복각 값은 남위 35° 부근에서나 나타나는 현상이기 때문입니다. 남위 35° 부근이라면 남반구에 있는 오스트레일리아 대륙 부근에 해당하는 위치입니다.

이러한 측정 결과를 놓고 볼 때 우리는 2가지 경우를 생각

해 볼 수 있습니다.

첫 번째는 하동과 산청 지역이 옛날이나 지금이나 변함없이 항상 같은 자리에 있었고, 대신 당시 자극의 위치가 지금보다 훨씬 남쪽에 있었을 것이라는 가정입니다.

두 번째는 자극의 위치는 옛날이나 지금이나 변함이 없지만, 이 지역이 옛날에 지금의 오스트레일리아 부근에 있었을 것이라는 가정입니다.

2가지 중 어느 경우라도 측정한 값과 같은 결과가 나오게 됩니다.

하지만 앞에서 이미 얘기했던 것을 기억하고 있는 학생이라면 어느 경우가 올바른 생각인지 바로 알아차렸을 거예요. 일곱 번째 수업 시간에 지구의 자극은 오랜 세월에도 항상 지금의 진북 위치에 변함없이 자리 잡고 있었다는 얘기를 기억하지요? 그렇다면 자극이 이동했을까요, 아니면 하동과 산청 지역이 이동했을까요?

그렇습니다. 하동과 산청을 포함한 한국이 이동했다는 결론을 내릴 수 밖에는 없습니다. 즉, 한국이 아주 오래전에는 지금의 오스트레일리아 부근에 있었는데 점차 북쪽으로 올라와서 지금의 위치까지 이동하였다는 사실을 알 수 있습니다.

헐리(Hurley)와 랜드(Rand) 및 파이퍼(Piper)라는 학자들에

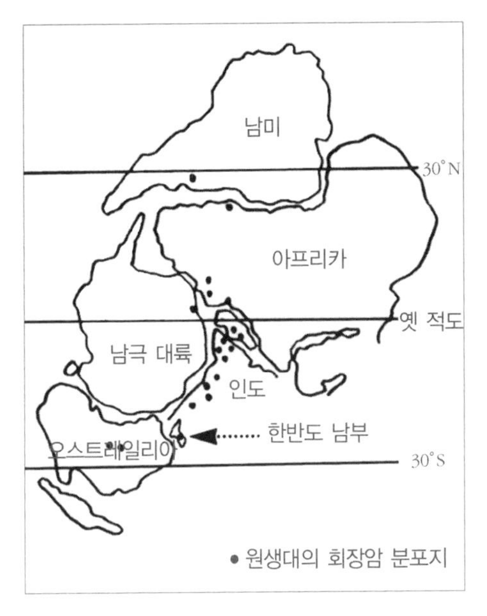

약 17억년 전 대륙의 모습과 회장암의 분포 지역

의하면 세계의 대륙들은 고생대 말기뿐만 아니라 17억 년 전에도 한 덩어리로 뭉쳐 있었다는 증거들을 제시하였습니다. 당시에 초대륙의 남부에 오늘날의 남아메리카, 아프리카, 인도, 남극 대륙, 오스트레일리아 등이 옹기종기 붙어 있었다는 것입니다.

그런데 오스트레일리아의 고지구 자기 자료를 조사해 보면 오스트레일리아도 17억 년 전 즈음에는 한국에서 측정된 것과 같은 −54°의 복각을 나타내고 있었습니다. 그렇다면

한국은 당시에 오스트레일리아와 같은 위치에 있었다고 생각할 수밖에 없습니다. 한국도 당시에는 남반구에서 옹기종기 모여 있던 대륙들의 어느 한 부분을 차지하고 있었던 것입니다.

더군다나 회장암이라는 암석은 지구상에서 그리 흔치 않은 암석입니다. 그런데 지금의 대륙들을 17억 년 전에 대륙들이 서로 붙어 있을 때의 모습으로 이동시켜 놓고 회장암의 분포지를 표시해 보면 길쭉한 띠 모양으로 한국의 것과 아주 잘 어울립니다. 이러한 지질학적 사실은 고지구 자기 연구로 알아낸 것과 잘 들어맞기 때문에 한국이 한때 남반구의 오스트레일리아 부근에 위치했다는 사실을 증명해 주는 구실을 합니다.

하동, 산청 외의 지역에서도 한국이 이동했다는 고지구 자기 증거들이 연이어 발견되었습니다. 강원도에 분포하고 있는 약 3억 년에서 2억 년 사이의 암석에서도 흥미로운 고지구 자기 연구 결과들이 알려졌습니다. 경기도 김포 일대에 분포한 비슷한 시기의 암석에서도 같은 고지구 자기 연구 결과가 얻어졌습니다.

이 자료들은 한국의 복각이 $-7°$에서부터 $+12°$를 거쳐서 $+40°$까지 계속 변하여 왔음을 보여 주고 있습니다. 이는 그

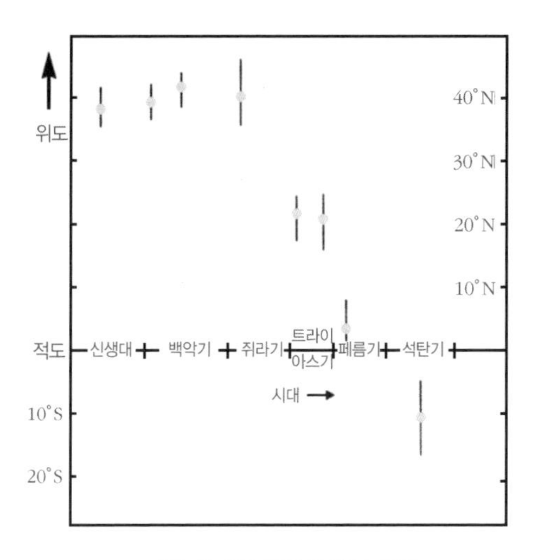

지질 시대별 한국의 위도 변화

시기에 한국이 대략 남위 4° 부근에서부터 적도를 거쳐서 북위 약 23°까지 북쪽으로 꾸준히 이동해 왔음을 알려 주는 것입니다. 한국이 적도를 통과할 때는 아마도 지금의 열대 밀림 지역과 같은 모습을 하고 있었겠지요. 아마존이나 아프리카처럼 울창한 밀림으로 뒤덮여 있다고 한번 상상해 보세요. 정말 놀랍지 않습니까?

현재 한국의 평균 위도는 북위 38°입니다. 그러면 언제 이 위치에 도달하게 되었을까요? 한국에는 이른바 대보 화강암이라는 약 1억 5000만 년 전 암석이 널리 분포하고 있습니다. 대보 화강암에 대한 고지구 자기를 측정한 결과 복각 값

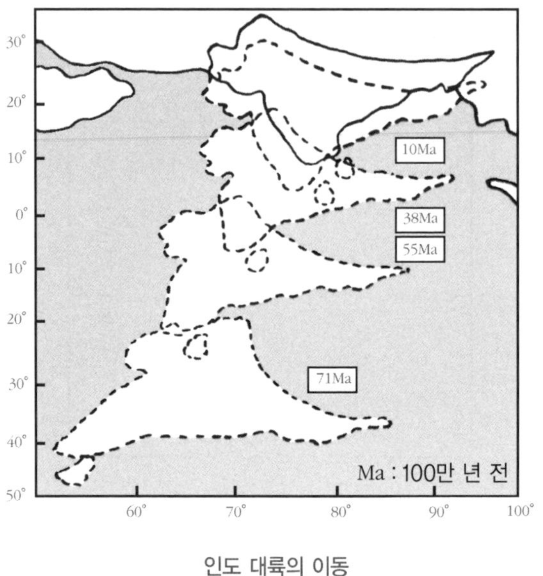

인도 대륙의 이동

이 평균 약 +56° 였습니다. 이러한 복각은 현재의 위도인 북위 38° 에서와 같은 값입니다. 이때 이후의 시기에 형성된 암석으로부터 구한 고지구 자기의 결과는 지금의 지구 자기장 값과 큰 차이가 없습니다. 이러한 사실은 약 1억 5000만 년 이후부터 지금까지는 한국이 이동하지 않았다는 것을 의미합니다.

약 1억 5000만 년 이후로 한국은 왜 북쪽으로 더 올라가지 않았을까요? 그 이유는 한국과 원래 북쪽에 있던 아시아 대륙이 서로 부딪쳤기 때문입니다. 북쪽에 커다란 아시아 대륙이 버티고 있어서 더 이상 밀고 올라갈 수가 없었겠지요.

그런데 인도 대륙 역시 한국과 비슷한 과거를 가지고 있습니다. 인도 대륙도 약 3억 년 전에는 남반구의 남극 대륙 부근에 붙어 있었습니다. 인도 대륙에서 구한 고지구 자기 연구 결과를 보면 인도 대륙도 그 이후에 점차 북쪽으로 올라와서 약 1000만 년 전에 아시아 대륙과 부딪쳤고, 지금도 계속하여 북쪽으로 아시아 대륙을 밀어붙이고 있습니다.

그러자 인도 대륙과 아시아 대륙 사이의 바다에 쌓여 있던 두꺼운 퇴적암층이 밀려 올라와서 지금의 히말라야 산맥을 형성하게 되었습니다. 인도 대륙이 계속하여 아시아 대륙을 밀어붙이기 때문에 히말라야 산맥은 지금도 조금씩 높아지고 있다고 합니다.

그렇다면 한국에서도 약 1억 5000만 년 전에 아시아 대륙과의 충돌로 습곡 산맥이 만들어졌다고 생각할 수 있겠지요. 정말 습곡 산맥이 만들어졌다면 그 위치는 어디였을까요?

그러나 히말라야 산맥이 만들어진 때는 불과 1000만 년 전의 그다지 오래되지 않은 지질 시대의 일이었지만, 한국은 그보다 훨씬 오래전에 충돌하였기 때문에 아쉽게도 충돌의 증거들이 희미해져 버렸습니다. 그래서 현재 부딪친 지역이 정확히 어디인지는 알지 못하고 있습니다. 하지만 앞으로 통

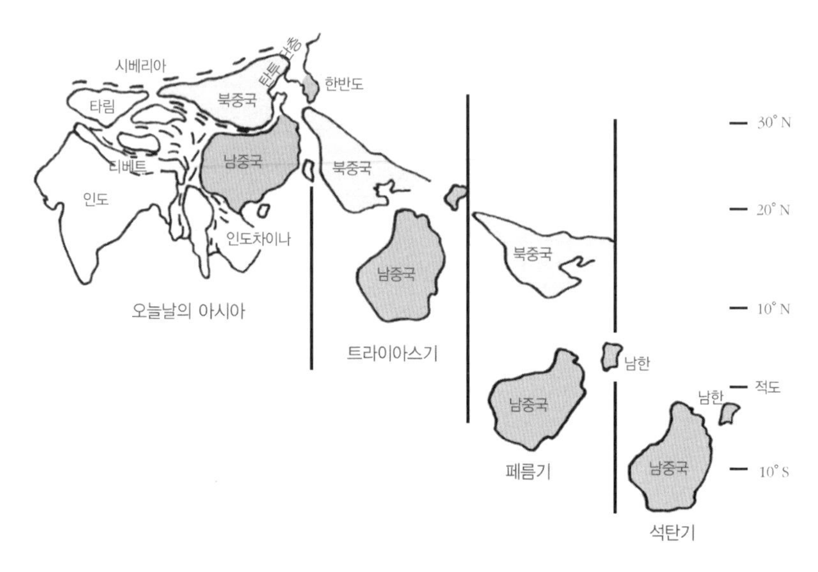

한국과 남중국의 이동

일이 되어서 북한에서 연구한 고지구 자기 자료와 비교하면 좀 더 확실하게 위치를 알아낼 수 있을 것입니다.

사실은 한국이 오스트레일리아에서 떨어져 나와 북쪽으로 이동할 때 한국만 외로운 길을 간 것은 아니었습니다. 한국의 동반자는 지금 중국의 남부 지역이었습니다. 한국과 중국의 남부는 한 덩어리로 움직였던 셈입니다. 이러한 사실은 어떻게 알게 되었을까요?

중국의 고지구 자기 연구 결과를 보면 중국의 남부와 북부에서 고지구 자기의 편각과 복각이 서로 큰 차이를 나타내고

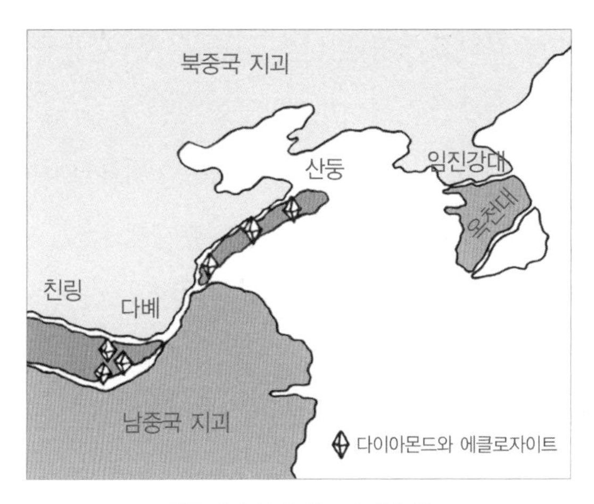

한국에서 충돌대는 어디일까?

있습니다. 그 이유는 중국 북쪽은 거의 이동하지 않고 원래부터 지금의 위치에 있었지만 남쪽이 북쪽으로 이동하여 서로 충돌하였기 때문입니다. 중국의 북부에서 구한 고지구 자기의 방향은 지금의 방향과 큰 차이를 나타내지 않고 있지만, 북쪽으로 이동을 한 남부에서 구한 것은 확실한 차이를 나타내고 있습니다.

그런데 남부에서 구한 고지구 자기의 방향 변화가 한국에서 구한 것과 거의 일치하고 있습니다. 이러한 사실로 미루어 볼 때 한국과 중국의 남부가 서로 한 덩어리가 되어 북쪽으로 이동했다는 것을 알 수 있습니다.

다행히도 중국에서는 북부와 남부가 서로 충돌했다는 증거

들이 많이 발견되고 있습니다. 친링-다베-산둥을 잇는 긴 습곡 산맥이 바로 그것입니다. 이곳에서는 충돌 당시의 엄청난 압력과 열로 만들어질 수 있는 광물인 에클로자이트가 발견되어 충돌 사실을 더욱 확실하게 증명해 주고 있습니다. 에클로자이트에는 종종 다이아몬드가 포함되어 있는 경우도 있습니다. 중국은 충돌의 증거도 찾고 다이아몬드도 찾는 일석이조의 효과를 얻은 셈입니다.

중국의 남부와 북부가 서로 충돌한 지역으로부터 추정해 보면 한국의 어딘가에도 충돌한 흔적이 남아 있어야 합니다. 현재 가장 많은 가능성을 가지고 있는 곳은 임진강대인데, 안타깝게도 이 부근에 휴전선이 있어서 활발한 연구를 하지 못하고 있습니다. 한국의 지질 역사를 정확하게 알기 위해서라도 빨리 통일이 되어야겠습니다.

이처럼 지구 자기장은 지질 역사를 알아내는 데도 중요한 구실을 하고 있습니다. 그런데 지구 자기장은 항상 일정하였을까요? 만일 지구에서 자기장이 사라진다면 어떻게 될까요?

다음 수업 시간에는 지구 자기장이 우리에게 어떠한 영향을 미치는지 알아보도록 합시다.

마지막 수업 9

지구에서 자기장이 사라진다면 어떻게 될까요?

지구의 자기장은 언제나 지금과 같을까요?
'지구 자기 역전'에 대해서 알아봅시다.

9

마지막 수업

지구에서 자기장이 사라진다면 어떻게 될까요?

교과연계		
교.	초등 과학 4-2	2. 지층과 화석
	중등 과학 1	8. 지각 변동과 판 구조론
과.	중등 과학 2	6. 지구의 역사와 지각 변동
연.	고등 지학 I	2. 살아 있는 지구
계.	고등 지학 II	1. 지구의 물질과 지각 변동

길버트가 지구 자기장이 사라진다는 설정의 영화를 언급하며 마지막 수업을 시작했다.

지구의 자기장은 우리에게 어떤 영향을 미치고 있을까요? 그리고 만일 지구 자기장이 갑자기 사라진다면 어떤 일이 벌어지게 될까요? 지구 자기장이 사라지면 나침반이 쓸모없게 되겠지요.

혹시 〈더 코어〉라는 영화를 본 적이 있나요? 어느 날 갑자기 지구의 자기장이 사라지면서 지구가 큰 혼란에 빠지게 된다는 내용입니다. 영화에서는 도시의 광장에서 평화롭게 모이를 먹던 비둘기들이 갑자기 방향을 잡지 못하고 제멋대로 날아다니다 벽이나 창문에 부딪혀 죽는 모습이 나옵니다. 인

공 심장 박동기를 몸에 달고 다니던 사람들은 갑자기 심장 박동기가 멈춰 목숨을 잃게 되고, 심지어는 강력한 자외선 때문에 철로 된 다리가 녹아내리는 장면도 나옵니다.

영화에서처럼 지구의 자기장이 갑자기 사라진다는 것은 상상만 해도 끔찍합니다. 만일 지구의 자기장이 사라진다면 정말 이런 혼란이 일어나게 될까요?

영화에서는 흥미를 자아내기 위해서 많은 부분이 과장되었지만, 그렇다고 전혀 근거가 없는 엉터리만도 아닙니다. 우리는 평소에 못 느끼고 있지만 우리 생활은 지구 자기장으로부터 알게 모르게 많은 영향을 받고 있습니다. 그래서 정말 지구에서 자기장이 사라진다면 지구에 사는 우리 인간과 생물은 큰 피해를 입을 수밖에 없습니다.

그런데 지구 자기장이 왜 갑자기 사라졌을까요? 그런 일이 실제로도 일어날 가능성이 있을까요?

지구의 자기장은 영화에서처럼 어느 날 갑자기 사라지지는 않습니다. 지구 자기장은 지구 안에 있는 외핵이 회전하기 때문에 만들어진다고 합니다.

영화에서는 외핵의 회전이 멈추면서 지구 자기장이 갑자기 사라지는 상황을 드라마틱하게 연출하였습니다. 그러나 사실은 외핵의 회전이 멈추어서 지구 자기장이 더 이상 생성되지 않더라도 남아 있는 자기장이 모두 사라지기까지는 수만 년이 더 걸립니다. 그러므로 혹시 오늘 갑자기 외핵의 회전이 멈추지 않을까 너무 걱정할 필요는 없습니다. 사실 외핵이 회전을 멈춘다는 것이 쉬운 일은 아닙니다. 하지만 어쨌든 지구 자기장이 사라진다는 것은 좋은 일이 아닙니다.

지구 자기장은 생물에게 많은 영향을 미치고 있습니다. 비둘기가 먼 길을 갔다가도 집으로 정확히 찾아올 수 있는 이유를 아시나요?

그것은 비둘기의 머리뼈와 뇌 경막 사이에 지구의 자기장을 감지할 수 있는 기관이 있기 때문입니다. 그 기관이 나침반 구실을 하는 것입니다. 비둘기의 몸속에 들어 있는 조그만 나침반으로 지구 자기장을 감지하여 자기 집으로 가는 방향을 결정할 수 있습니다.

비둘기뿐만 아니라 먼 길을 여행하는 철새도 지구 자기장을

이용하여 길을 찾고 있습니다. 2001년 영국의 〈네이처〉라는 과학지에 실린 논문에서는 지빠귀나이팅게일이라는 철새가 몸에 지닌 생체 나침반을 이용하여 유럽에서 사하라 사막을 건너 아프리카 중남부까지 날아갈 수 있다고 하였습니다.

그런데 비둘기나 철새가 지구 자기장을 감지할 수 없게 된다면 어떻게 될까요?

한 실험에서는 비둘기 몸에 강한 자석을 붙인 채 멀리 떨어진 곳에서 풀어놨을 때 집으로 잘 찾아갈 수 있는지를 조사했습니다. 비둘기는 자기 집을 찾아가지 못하였다고 합니다. 그 이유는 비둘기 몸에 붙여 놓은 자석의 강한 자기장이 비둘기의 지구 자기장 감지를 방해했기 때문입니다.

그러면 지구 자기장은 새에게만 영향을 미치는 걸까요? 아닙니다. 새뿐만 아니라 지구상의 생물은 모두 지구 자기장의 영향을 받으며 살고 있습니다. 우리는 지구 자기장의 보호막 속에서 살아가고 있습니다. 지구 자기장은 우리의 생명과 재산을 지켜 주는 아주 중요한 기능을 하고 있습니다.

지구는 지금도 우주로부터 날아오는 고에너지 입자들의 공격을 받고 있습니다. 만일 이 고에너지 입자들이 인체에 그대로 닿아 체세포에 들어가면 염색체 이상이나 암을 일으킬 수도 있습니다. 인체뿐만 아니라 전자 기기는 작동 불가능한

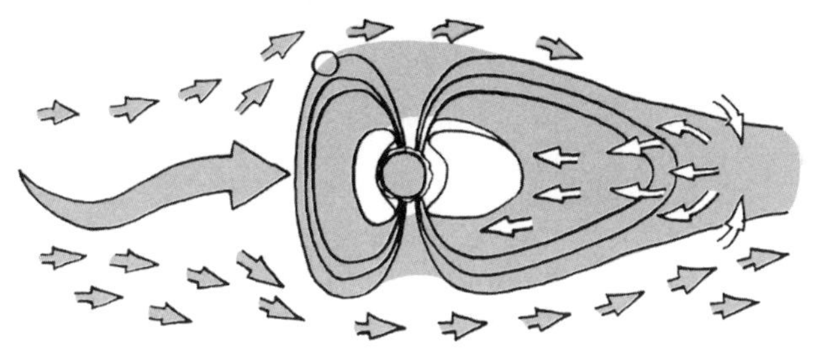

지구의 자기장은 지구의 방패

상태가 되어 버릴 수 있습니다. 하지만 다행히도 지구 자기장이 이런 고에너지 입자들을 막아 주고 있습니다.

지구 자기장의 보호를 받지 못하는 우주 공간에서는 고에너지 입자에 의한 피해가 종종 발생하기도 합니다. 태양에서 '플레어'라고 하는 폭발 현상이 일어나면 엄청난 양의 고에너지 입자가 태양계 안으로 분출됩니다. 이 때문에 1989년 3월에는 지구 궤도를 돌고 있던 여러 대의 인공위성이 오작동을 일으켰고, 같은 해 8월에는 지구 자기권을 탐사하던 위성 GOES 567이 고장 나고 지상의 위성 통신 시스템이 작동 불능 상태에 빠진 적이 있었습니다.

이런 사고들은 모두 지구 자기장의 보호를 받지 못했기 때문에 일어난 것입니다. 이처럼 지구 자기장은 우리에게 아주 고마운 존재가 아닐 수 없습니다.

그런데 지구 자기장은 때때로 방향이 뒤바뀔 때가 있습니

다. 즉 자북이 자남으로, 자남이 자북으로 서로 뒤바뀌게 되는 것이지요. 지구 자기의 남과 북이 거꾸로 되는 현상을 지구 자기 역전이라고 합니다. 지구의 자기장이 뒤바뀌면 나침반의 N극이 남쪽을 가리키고, S극이 북쪽을 가리키게 됩니다.

왜 이런 일이 일어날까요? 우리는 아직 이러한 현상이 나타나는 원인을 정확히 모르고 있습니다. 그러나 고지구 자기 연구를 통하여 알아낸 바에 의하면, 지구에 자기장이 생긴 이래로 적어도 수백 차례 이상 지구 자기 역전이 일어났던 것은 사실입니다.

현재 자북은 북위 76°와 서경 101°에, 자남은 정확히 반대

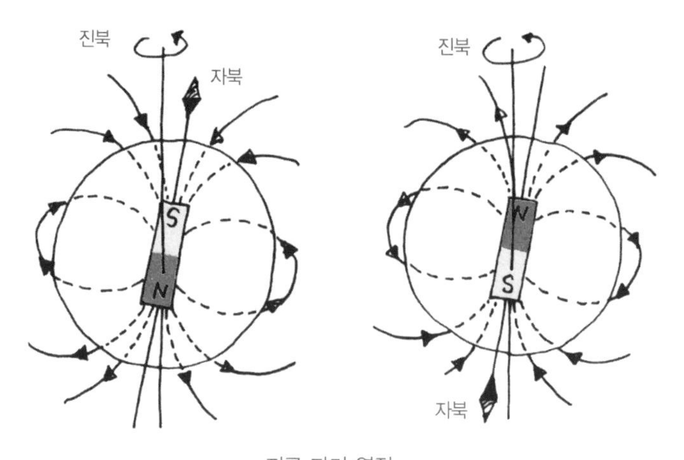

지구 자기 역전

편이 아닌 남위 66° 와 동경 141° 에 위치하고 있습니다. 자북과 자남의 위치가 완전히 대칭이 되는 반대편에 있지는 않습니다.

그런데 이 자극의 위치가 고정되어 있지 않고 매년 조금씩 이동하고 있습니다. 1831년에 발견한 자북에 비해서 오늘날의 자북은 북서쪽으로 약 1,000km 떨어진 곳까지 이동하였습니다.

흥미로운 점은 요즘 들어 자북의 이동 속도가 과거에 비해 무척 빨라졌다는 것입니다. 더군다나 이동 속도가 빨라지는 정도도 시간이 지남에 따라 점차 더 커지고 있습니다. 이런 속도라면 앞으로 약 50년 후에는 현재 캐나다 북쪽에 있는 자북이 시베리아로 옮겨 가게 될 것입니다.

이러한 급작스러운 지구 자기장 변화에 대해서 어떤 과학자들은 지구 자기 역전의 조짐이 보이는 것이라고 생각하고 있습니다.

지구 자기가 역전될 때는 자기력의 세기가 점차 줄다가 반대편의 극성을 나타내게 됩니다. 실제 조사한 바에 의하면 지구 자기장의 세기가 과거 100년 동안 약 5% 감소하였고, 현재도 계속 감소하고 있습니다. 지구 자기장의 세기가 이렇게 빠르게 감소하는 현상은 지구 자기 역전이 곧 시작됨을 알

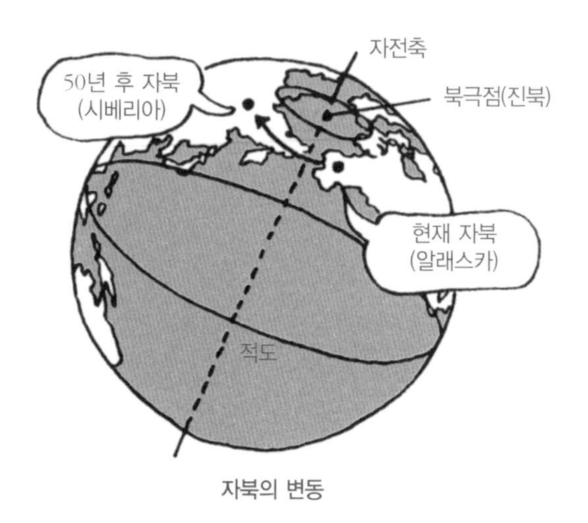

자북의 변동

려 주는 것이라고 합니다.

지구 자기 역전은 얼마 만에 한 번씩 일어날까요? 지구 자기 역전 기간은 불규칙합니다. 하지만 고지구 자기 기록을 살펴보면 그동안 평균 25만 년에 한 번꼴로 지구 자기 역전이 일어났습니다. 그런데 가장 최근에 일어났던 지구 자기 역전은 75만 년 전에 일어났고, 그 이후로는 아직 지구 자기 역전 현상을 겪지 않았습니다. 즉, 평균적으로 따지면 이미 겪었어야 할 지구 자기 역전이 아직 없었기 때문에 지금 그 조짐이 나타나고 있는 것이 아닐까 의심하고 있습니다.

그렇다고 지구 자기 역전이 시작되었다고 단정 짓는 것은 곤란합니다. 실제 지구 자기 역전 현상이 나타나고 있다 하여도 크게 걱정할 필요는 없습니다. 자극이 완전히 뒤바뀌기까지는 수천 년이 걸리기 때문입니다. 적어도 우리가 살고 있는 동안에는 지구 자기 역전으로 혼란은 겪지 않게 될 것입니다.

또, 과거의 화석들을 조사해 보면 지구 자기 역전이 일어났다고 해서 그 자체가 지구상의 생명체에 심각한 영향을 미쳤다는 증거는 찾지 못했습니다.

지금까지 우리들은 지구 자기장의 성질에 대하여 여러 가지를 알아봤습니다. 지구는 아주 커다란 자석과 같기 때문에 지구 자기장도 조그만 자석과 비슷한 성질을 가지고 있습니다. 이러한 성질을 이용하면 우리 생활을 편리하게 하는 것들을 만들어 이용할 수도 있고, 지구에서 일어났던 지질 시대의 역사를 알아낼 수도 있습니다.

지구 자기장은 눈에 보이지 않지만 항상 우리 주위를 둘러싸고 있어서 우리에게 많은 영향을 주고 있습니다.

만화로 본문 읽기

이쪽이 남쪽이에요.
선생님, 만일 지구 자기장이 사라지면 나침반이 쓸모없게 되나요?
당연하지요.

우리는 지구 자기장으로부터 많은 영향을 받고 있어서, 자기장이 사라지면 인간과 생물은 큰 피해를 입을 수밖에 없어요.
어떤 피해가 있나요?

예를 들면 철새들은 지구 자기장을 이용하여 길을 찾아가니까 지구 자기장을 감지하지 못하면 방향을 결정할 수 없지요.
지구 자기장이 많은 영향을 미치는군요.
어디로 가야 하지?

사람들에게는 어떤 영향을 미치나요?
우주로부터 오는 고에너지 입자들이 인체에 그대로 닿아 체세포에 들어가서 염색체 이상이나 암을 일으킬 수 있어요.
지구

또 고에너지 입자들은 인체뿐만 아니라 전자기기들을 망가뜨릴 수도 있지만 다행히 지구 자기장이 고에너지 입자들을 막아 주고 있지요.
지구 자기장이 정말 중요하네요.

지구 자기장의 보호를 받지 못하는 우주 공간에서는 태양에서 폭발 현상이 일어나면 엄청난 양의 고에너지 입자들이 분출되어 인공위성이 작동 불능 상태에 빠진 적이 있었지요.
그런 일도 있었군요.
태양
고에너지 입자

과학자 소개

자기학의 아버지 길버트William Gilbert, 1544~1603

자석이 일정한 방향을 가리키는 성질을 가지고 있다는 것은 기원전부터 이미 알려져 왔습니다. 하지만 자석의 특이한 성질에 대해서는 여전히 마법적인 힘 정도로만 여기고 있었습니다.

16세기 영국의 저명한 의사이자 물리학자인 길버트는 체계적이고 과학적인 실험을 하여 자석의 성질에 대한 많은 궁금증을 풀어 내었습니다.

길버트는 25세에 의학 박사 자격을 받아서 개업의가 되었고, 1599년에는 왕립 의학 대학의 총장이 되었으며, 1600년에는 엘리자베스 1세 여왕의 주치의가 되는 등 화려한 경력을 가진 사람입니다.

그러나 길버트의 명성은 의사로서보다 물리학자로서 더 잘 알려져 있습니다. 길버트는 세계 곳곳을 항해했던 선원들과 교류가 많았기 때문에 그들로부터 나침반의 N극이 북쪽으로 갈수록 점점 아래쪽으로 기울어진다는 얘기를 듣고, 구형의 자석을 만들어서 수많은 실험을 하였습니다.

그 결과 지구는 커다란 구형 자석과 같다는 사실을 알아내었습니다. 이전에는 나침반의 N극이 북쪽을 향하는 이유가 북극성에 끌리기 때문이라고 생각해 왔었으나, 북극에 가까워질수록 나침반의 N극이 오히려 아래로 기울어지는 현상을 길버트의 연구를 통하여 해결할 수 있게 되었습니다.

또한 전기와 자기의 현상을 구별하기도 하였습니다. 특히 '전기(electricity)'라는 새로운 단어를 만들어 낸 것으로도 유명합니다. 1600년에는 수십 년에 걸친 연구를 정리하여 《자석에 대하여》라는 책을 펴내어 자석과 자기에 대한 이론적인 체계를 세웠습니다.

길버트의 체계적인 연구는 이후의 과학자들에게 많은 영향을 미쳐서 전기와 자기의 현상을 과학적으로 밝혀내는 데 크게 기여하였습니다. 그래서 길버트는 '자기학의 아버지'라고 불리고 있습니다.

과 학 연 대 표

언제, 무슨 일이?

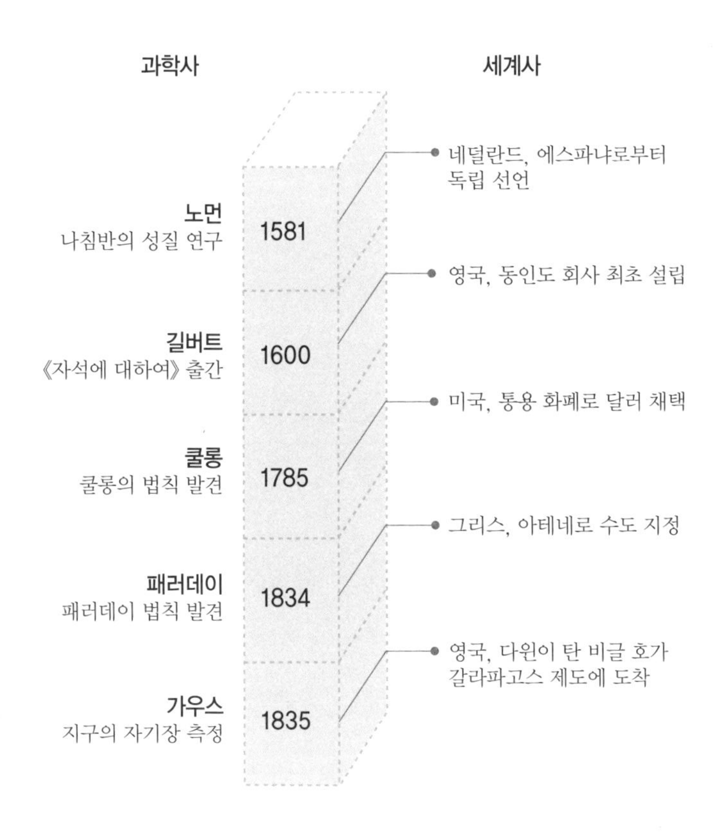

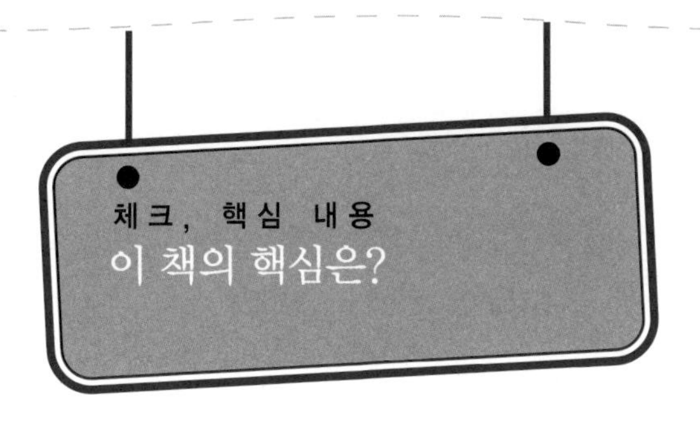

1. 나침반의 N극은 정확한 북극을 가리키지 않는데, 이때 나침반의 N극이 가리키는 방향과 진북이 이루는 각을 □□ 이라고 합니다.
2. 자북과 자남의 중간 부근에서는 복각이 0° 가 되는 곳이 있는데, 이곳을 □□ □□ 라고 합니다.
3. □□□ 란 외부에서 영향을 미치는 자기장에 의해서 자화될 수 있는 물질을 말하는데, 쇠못 · 철사 · 동전 등이 해당합니다.
4. 지구는 그 안에 커다란 자석을 간직하고 있는 것과 같은 모습의 자기장을 나타내고 있으나, 실제로는 자석이 존재하지 않고 □□ 이 유동하기 때문에 지구의 자기장이 형성되는 것입니다.
5. 몇 백 년 또는 몇 천 년에 걸쳐서 자극의 위치가 자전축 주위에서 불규칙적으로 조금씩 변하는 현상을 □□ □□ 라고 합니다.
6. 암석에 화석처럼 보존되어 있는 과거의 지구 자기를 □□□ □□ 라고 하는데, 우리는 이를 연구하여 대륙 이동과 지층의 형성 연대를 알아낼 수 있습니다.

1. 편각 2. 자기 적도 3. 자성체 4. 광물 5. 영년 변화 6. 고지구 자기

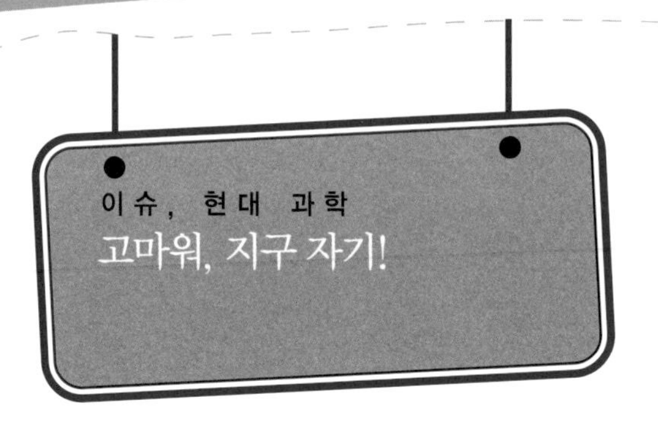

태양 안에는 태양풍이라는 높은 에너지를 가진 전하를 띤 입자도 포함되어 있습니다. 이것이 지구에 그대로 도달하면 지구상의 모든 생물의 목숨을 앗아갈 수 있는 무서운 살인 광선으로 돌변하게 됩니다. 다행히도 지구에는 자기장이라는 보호막이 펼쳐져 있기 때문에 이 살인 광선이 대기권 상부에서 차단되고 있습니다.

높은 에너지를 가진 입자가 지구 자기장 내로 들어오면 지구의 자기력선을 따라 나선 운동을 하며 지구의 자기권에 갇히게 됩니다. 지구 위 1,000km와 40,000km 정도에 펼쳐져 있는 이 보호막을 밴앨런대(Van Allen belt)라고 부릅니다. 만일 지구의 자기장이 사라지면 이 보호막도 사라지게 됩니다.

그러면 지구의 자기장은 정말로 사라질 수 있을까요? 지구의 자기장은 지구 중심에 있는 철로 이루어진 핵의 회전으로 발생합니다. 이 핵의 회전이 멈추면 자기장도 더 이상 생성되지 않게 됩니다. 실제로 핵의 회전이 점차 느려지고 있다는 무서운 연구 결과도 보고되어 있습니다.

한편 지구의 자기장은 갑자기 변덕을 부려서 자극이 뒤바뀌기도 합니다. 이러한 현상을 지구 자기 역전이라고 하는데, 지구에는 그동안 수많은 지구 자기 역전이 있어 왔고, 우리가 살고 있는 이 시대에도 일어날 가능성은 항상 있습니다. 영국 지질 조사팀은 현재 지구의 자기장 세기가 100년에 5% 정도 감소했다는 명백한 증거를 발견했고, 이것이 지구 자기 역전이 시작되고 있음을 알려 주는 것이라고 주장합니다.

지구 자기 역전이 일어나면 철새뿐만 아니라 인공위성과 비행기도 혼란에 빠지게 됩니다. 그렇게 되면 자동차의 네비게이션은 위치를 찾지 못하게 되고, 비행기는 내려야 할 공항을 찾지 못해 하늘을 방황하게 됩니다. 또한 역전이 최대로 진행될 때는 지구 자기력이 현저하게 약화되어 대기 상부에 있는 태양풍 보호막이 사라질 수도 있습니다.

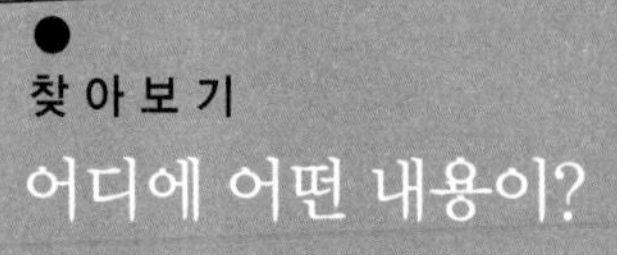

찾아보기

어디에 어떤 내용이?

ㄱ

고생물 71

고지구 자기 66, 71, 84, 99, 114

고지구 자기학 71

ㄴ

나침반 13, 35, 86, 109

남극(진남) 36

ㄷ

다이너모설 49, 52

대륙 이동설 57, 62

ㅁ

막대자석 11, 82

ㅂ

방사성 동위 원소 96

베게너 57

복각 39, 96, 99, 101, 105

북극(진북) 36

ㅅ

수평 자기력 42

쌍극자 27

ㅇ

연직 자기력 42

영구 자석 26, 49, 83

영구 자석설 49

영년 변화 87

ㅈ

자기 13, 44
자기 남극(자남) 36
자기 부상 열차 29
자기 북극(자북) 36
자기 적도 40
자기 화석 66, 87
자기력선 26, 73, 84
자기장 13, 35, 49
자력계 95
자석 13, 21, 80
자성체 23, 83
자전축 36, 87
자철석 85
자화 22
전기 13
전자기력 42
지구 자기 역전 114
지구 자기력선 66
지남차 15

ㅋ

퀴리 온도 50, 83

ㅍ

판게아 61
편각 12, 15, 36, 96, 105
플레밍의 오른손 법칙 52

ㅎ

핵 50
현무암 85
화석 71, 87
회장암 96